Werner Lantermann

Sittiche und Papageien

Werner Lantermann

Sittiche und Papageien

Verhalten in Freiland und Voliere

Oertel+Spörer

Bildnachweis
Titelbild und alle Innenteilfotos: Yvonne und Werner Lantermann
Außer
Rebecca Halbach S. 58, 152
Dr. Richard Schöne S. 8
Petra Schmidt S. 131

Haftungsausschluss
Die Hinweise in diesem Buch wurden vom Autor sorgfältig recherchiert und geprüft. Es können jedoch keinerlei Garantien übernommen werden. Eine Haftung des Autors und des Verlags und seiner Beauftragten für Personen-, Sach- und Vermögensschäden ist ausgeschlossen.

Bibliografische Information der Deutschen Nationalbibliothek
Die Deutsche Nationalbibliothek verzeichnet diese Publikation in der Deutschen Nationalbibliografie; detaillierte bibliografische Daten sind im Internet über http://dnb.d-nb.de abrufbar.

Postfach 16 42 · 72706 Reutlingen

Schrift: 9,5/14,5 p Meta Plus
Lektorat: Dr. Gabriele Lehari
DTP und Repro: raff digital gmbh, Riederich
Druck und Bindung: Oertel+Spörer Druck und Medien-GmbH+Co., Riederich
Printed in Germany
ISBN 978-3-88627-406-2

Inhalt

Geleitwort

Das Verhalten der Sittiche und Papageien ist ein wichtiges, bislang wenig bearbeitetes Thema. Und nach wie vor besteht ein hoher Bedarf an Aufklärungsarbeit bei Haltern, Züchtern und Tierärzten, vor allem auch mit Blick auf die zahlreich in menschlicher Obhut gehaltenen Papageienvögel. Nur durch das Erkennen der Verhaltensmuster der verschiedenen Arten kann ihnen ein adäquates Haltungssystem geboten werden, in welchem sie ihre natürlichen Verhaltensweisen ausleben können. Da vieles bislang nicht bekannt war beziehungsweise noch nicht bekannt ist und vieles nicht bedacht wird, leidet immer noch eine Vielzahl von Papageien an falschen Haltungsbedingungen, die zu schweren Verhaltensstörungen und Erkrankungen führen.

Tierhalter und Züchter gestalten für ihre Tiere die Umwelt, inklusive Haltungsbedingungen und Fütterung. Jedoch können sie ohne Kenntnisse der spezifischen Verhaltens- und Lebensweisen den Anforderungen dieser Lebewesen nicht gerecht werden. Das Spezialwissen über die natürlichen Verhaltensweisen der Vögel ermöglicht es, kausale Zusammenhänge besser zu erkennen, und ist entscheidend für die Gesundheit und das Wohlbefinden unserer gefiederten Freunde.

Deshalb stellt das vorliegende Buch auch für den Tierarzt einen wertvollen Beitrag dar. Denn die alleinige symptomatische Behandlung eines kranken Vogels ist für eine Heilung oft nicht ausreichend. Der Tierarzt kann dem Tierhalter nur hilfreich und beratend zur Seite stehen und dem Vogel wirklich helfen, wenn er die natürlichen Verhaltens- und Lebensbedingungen des Patienten kennt.

Auch Arterhaltungsmaßnahmen im Freiland kommen ohne Kenntnisse der spezifischen Verhaltens- und Lebensweisen nicht aus.

So gesehen ist diese neue Veröffentlichung von Werner Lantermann, die vor allem auf seinen langjährigen Studien an Volierenvögeln und auf seinen früheren Veröffentlichungen zum Thema aufbaut, eine willkommene Bereicherung der deutschsprachigen Papageienliteratur. Ich wünsche seinem Buch eine gute Aufnahme bei Vogelhaltern, Züchtern,Tiergärtnern und Tierärzten.

Dr. Richard Schöne

Vorwort

Papageien – und Sittiche, die zoologisch auch zu den Papageien gezählt werden – gehören weltweit zu den am häufigsten gehaltenen Ziervögeln überhaupt. Deren Halter haben einen offenbar steigenden Informationsbedarf, wie die Vielzahl der in den letzten 20 Jahren veröffentlichten Papageienbücher – auch und gerade im deutschsprachigen Raum – zeigt. Dabei handelt es sich aber fast durchweg um Haltungsanleitungen oder Artmonografien, während über das interessante und äußerst komplexe Verhalten der Papageien in deutscher Sprache und laienverständlicher Form bisher leider nur wenig publiziert worden ist.

Rund 150 bis 180 der etwa 350 bekannten Papageienarten sind über die Jahrzehnte hinweg beinahe ständig in den Käfigen und Volieren der Vogelhalter zu finden. Diese Vögel gehen alle auf die ursprünglichen Importe zurück, die besonders in den 1980er-Jahren zum Teil horrende Ausmaße hatten und zu hohen Verlusten bei Fang und Transport geführt haben.

Seit dem generellen Importverbot für Wildvögel (seit Anfang 2007) hat sich die Sicht vieler Vogelhalter verändert. Man ist seither auf Nachzuchten angewiesen. Halter seltener Arten arbeiten nun enger zusammen und der „Wert“ vieler Tiere ist deutlich gestiegen, weil Verluste nicht mehr durch billige Importe ausgeglichen werden können.

Die Pflege der Tiere wird seither vielerorts optimiert, die Zucht in den Vordergrund gestellt und deren Details werden genauestens dokumentiert. Unter anderem dadurch haben sich die Kenntnisse über das Verhalten vieler Arten, die vorher als „Allerweltsvögel“ gehandelt wurden, vermehrt – bei manchen nicht nur durch Volierenstudien, sondern in den letzten 20 Jahren darüber hinaus auch durch zunehmend betriebene Freilandforschungen.

Aus dem fragmentarischen Bild des Papageienverhaltens, das noch in den 1960er- und 1970er-Jahren die einschlägige Literatur beherrschte, ist zwischenzeitlich ein weitaus vollständigeres Puzzle geworden. Heute kann man Zusammenhänge erkennen, Volieren- und Freilandbeobachtungen sinnvoll in Verbindung bringen sowie Verhaltensbeobachtungen für Erhaltungszuchtprogramme ebenso nutzen wie als Erklärungsgrundlagen für modifiziertes oder gestörtes Verhalten in Menschenobhut gehaltener Tiere.

Für Papageienhalter, Tiergärtner und Tierärzte im deutschsprachigen Raum liegt derzeit allerdings keine aktuelle Übersicht des Papageienverhaltens als selbstständige Veröffentlichung vor. Zwar gibt es zwei populäre Bücher über bestimmte Aspekte des Papageienverhaltens (Low, 2001) oder die Beschränkung auf bestimmte Artengruppen, nämlich Graupapageien, Kakadus, Amazonen und Aras (Munkes & Schrooten, 2008). Die bislang einzige deutschsprachige Gesamtschau des Papageienverhaltens vom kleinen Sperlingspapagei bis zum Hyazinthara war jedoch bislang lediglich im Verhaltenskapitel der

Papageienkunde (1999) des Verfassers verfügbar. Sie ist aber zum einen seit geraumer Zeit nicht mehr im Handel, zum anderen haben sich gerade in den dreizehn Jahren seit Erscheinen dieses Buches manche neue Erkenntnisse ergeben, sodass es an der Zeit ist, den aktuellen Wissenstand erneut zusammenzufassen.
Der Text des vorliegenden Buches baut somit auf dieser letztgenannten Darstellung auf, wurde aber vollständig überarbeitet und vom Umfang her mehr als verdoppelt.
Für den englischsprachigen Raum sei auf das Buch *Manual of Parrot Behavior* von Andrew Luescher (2006) sowie die überaus informativen Einleitungskapitel zu den Kakadus beziehungsweise den Eigentlichen Papageien im Papageienband (4) des *Handbook of Birds of the World* von Ian Rowley beziehungsweise Nigel Collar (1997) hingewiesen. Letztere referieren fast ausschließlich Freilandbeobachtungen.

Neben der Auswertung der mittlerweile erschienenen Literatur zum Thema bezieht sich der Verfasser auch auf seine eigenen Studien an Volierenvögeln, deren Hauptschwerpunkte in den 1980er-Jahren Amazonenpapageien und seit den 1990er-Jahren bis heute Langflügelpapageien und

Die früheren (Massen-)Importe von Papageien sind die Grundlage der heutigen Artenvielfalt in den Volieren der Vogelhalter – hier im Bild Rotohraras bei einem Importeur.

Unzertrennliche waren und sind. Daneben gab es verhaltenskundliche Exkurse zu den Rotsteißpapageien, den Katharinasittichen, den Halsbandsittichen und den Springsittichen, die hier ebenfalls Berücksichtigung finden.

Mittlerweile konzentriert sich das Hauptinteresse des Verfassers fast ausschließlich (wieder) auf die Agaporniden, deren Gruppenstrukturen nach wie vor (und trotz guter „Beforschung" in den letzten Jahrzehnten) immer noch mehr offene Fragen als Antworten liefern. Dies ist ein Beispiel dafür, dass die Verhaltensforschung an Papageien auch im Hinblick auf gut erforschte Arten immer noch in Bewegung ist.

Wegen der besseren Lesbarkeit wurde auf Literaturangaben im laufenden Text weitgehend verzichtet. Alle verwendete Literatur ist jedoch im abschließenden Literaturverzeichnis aufgeführt und dürfte sich in den meisten Fällen problemlos zuordnen lassen. In den eingeschobenen Kästen sind dagegen teilweise aktuelle oder spezifische Forschungsergebnisse referiert, deren Autoren zum Schluss jeweils zitiert werden. Auch die lateinischen Namen der Papageien wurden zur Verbesserung der Lesbarkeit im laufenden Text ausgespart, finden sich aber im Sachregister unter deutschem und lateinischem Namen wieder. Die wissenschaftlichen Namen entsprechen im Wesentlichen der neueren Systematik nach Juniper & Parr (1998).

Der Halsbandsittich ist die einzige Papageienart, die mittlerweile über drei Kontinente verbreitet ist.

Papageien – eine Einführung

Der Kea ist die einzige Art der „ursprünglichsten" Papageienarten, die regelmäßig gehalten und gezüchtet wird.

Papageien sind allgemein bekannt und fast jeder Zoo- oder Vogelparkbesucher kann sie von anderen Vögeln unterscheiden. Das bunte Gefieder, der typische Papageienschnabel, ihr lautes „Gekreische" oder ihre „Sprechbegabung" sind ihre auf den ersten Blick hervorstechenden Eigenschaften. Und doch sind dies nur die gängigen Klischees, die über Papageien im Umlauf sind. Zoologisch betrachtet kommen Papageien in rund 360 Arten in (fast) allen Teilen der Welt vor, die tropische oder subtropische Lebensräume zu bieten haben.

Systematische Aufteilung

Papageien werden – je nach systematischer Auffassung – entweder in zwei große Familien (die Kakadus und die Eigentlichen Papageien) oder in bis zu dreizehn Familien mit diversen Unterfamilien unterteilt. Gerade in letzterem systematischen Ansatz spiegelt sich die Schwierigkeit der Gruppierung der Papageien in entwicklungsgeschichtlich „natürliche" taxonomische Einheiten wider. Diese Artenvielfalt verteilt sich zum einen auf den pazifischen Raum (etwa 150 Arten, darunter allein 52 in Australien und 46 auf Neuguinea), wo man das Entstehungszentrum der Papageien vermutet. Die hohe Artenzahl auf Neuguinea wird damit erklärt, dass hier keine konkurrierenden Primaten vorkommen, die anderenorts zum Teil ähnliche ökologische Nischen (zum Beispiel bei der Nahrungswahl) besetzen wie Papageien. Eine große Artenvielfalt unter den Papageien findet sich zum anderen in der Neotropis (Süd- und Mittelamerika) mit ebenfalls rund 150 Arten, wo die höchstentwickelten „modernen" Arten wie zum Beispiel Keilschwanzsittiche, Aras, Amazonen, Rotsteiß- und Weißbauchpapageien zu Hause sind. Aber hier finden sich auch die eigentümlichen Kurzschwanz- und Blaubauchpapageien Amazoniens beziehungsweise Südost-Brasiliens, die als sehr ursprüngliche Formen gelten, aber letztlich noch zu wenig erforscht sind, um genauere Aussagen treffen zu können.

Die „ursprünglichsten“ Papageien

Das Entstehungszentrum der Papageien wird irgendwo im pazifischen Raum vermutet, wo mit Eulenpapagei, Kaka, Kea und Borstenkopfpapagei die urtümlichsten und vermutlich stammesgeschichtlich ältesten Papageien heute noch vorkommen. Alle vier weichen in ihrem Verhalten deutlich von dem anderer Papageien ab.

Eulenpapageien sind bodenlebende, (fast) flugunfähige Einzelgänger mit einer eigenartigen Arenabalz. Kaka und Kea sind – soweit wir bislang wissen – tag- und zum Teil auch dämmerungsaktive Vögel, die wohl üblicherweise in Paaren leben und brüten. Aber auch polygame Lebensgemeinschaften (die Männchen haben dann mehrere Weibchen) sind aus dem Freiland beschrieben worden.

Der Borstenkopfpapagei aus Neuguinea hat ein eher raubvogelartiges Äußeres, das Flugbild eines Geiers, eine hüpfende Fortbewegung in den Baumkronen, eine Form der Nahrungsaufnahme, die am ehesten der der Loris ähnelt, und trägt beiderseits des Schnabels Tastborsten, die vermutlich Orientierung und Lokalisation von adäquater Nahrung erleichtern. Zudem ist sein vorderes Kopfdrittel unbefiedert – wohl als Spezialanpassung an die Aufnahme weicher Früchte, die unter Umständen sein Kopfgefieder verkleben könnten (dies hat er übrigens – beinahe einzigartig unter den Papageien – mit dem Kahlkopfpapagei aus Südost-Brasilien gemeinsam).

Kea und Eulenpapagei sind im Freiland (Letzterer auch in Menschenobhut) verhältnismäßig gut erforscht, derweil Kakas und Borstenkopfpapageien weder aus dem Freiland noch aus Volierenbeobachtungen besonders gut bekannt sind. Die einzigen Kakas in Deutschland leben derzeit in der Stuttgarter Wilhelma, Borstenkopfpapageien im Weltvogelpark Walsrode und in der Wilhelma. Keas sind dagegen in vielen größeren Zoos zu bewundern, wogegen Eulenpapageien derzeit nicht in Europa gehalten werden.

Der Kurzschwanzpapagei hat eine löffelförmig verbreiterte Zunge, die auf eine (bislang unbekannte) Nahrungsspezialisierung hindeutet, einen schmetterlingsartig flatternden Flug und bei der Haltung in Menschenobhut ein ausgesprochen sanftes Temperament.

Der Blaubauchpapagei fällt vor allem durch seine Dämmerungsaktivität, seinen schwalbenartigen Flug in Verbindung mit seiner Ernährung (er fängt unter anderem Insekten im Flug) und durch seinen melodiösen, drosselähnlichen Gesang (vermutlich auch als Duettgesang der Paarpartner), der ihn von allen anderen neotropischen Papageien unterscheidet, aus dem Rahmen.

Die altweltlichen Papageien machen mit 20 Arten in Afrika und etwa 30 Arten in Asien nur den kleinsten Teil der gesamten

Der nur selten gehaltene Blaubauchpapagei – hier beim Sonnenbad – gehört zu den eigentümlichsten Papageienarten der Neotropis, über dessen Verhalten bislang nur wenig bekannt ist.

Papageienfauna aus. Die afrikanischen Gattungen beschränken sich auf die Langflügelpapageien, die Unzertrennlichen, den Graupapagei und die afrikanische Form des Halsbandsittichs. Hinzu kommen die beiden Vasapapageienarten von der Insel Madagaskar. Asien ist vor allem die Heimat der Edelsittiche, Edelpapageien und Fledermauspapageien.

Das Größenspektrum der Arten reicht von den kleinen indonesischen Spechtpapageien, den Sperlingspapageien Südamerikas, den afrikanischen Unzertrennlichen und den asiatischen Fledermauspapageien hin zu den imposanten schwarzen oder weißen Kakadus in Australien und Indonesien und den farbenprächtigen Großaras Süd- und Mittelamerikas. Im mittleren Größenspektrum finden wir zum Beispiel die Amazonenpapageien der Neotropen, die afrikanischen Graupapageien und die diversen großen Neuweltsittiche beziehungsweise die großen Formen aus der Gruppe der asiatischen Edelsittiche. Die farbenprächtigsten Formen finden sich zweifellos unter den australischen und indonesischen Loris und Edelpapageien, den Feigenpapageien, den Unzertrennlichen, den australischen Plattschweifsittichen und den Aras. Die farblich „eintönigsten" Arten sind dagegen die (überwiegend weißen) Kakadus, die (überwiegend schwarzen oder dunkelbraunen) Rabenkakadus und die schwarzen Vasapapageien Madagaskars. Das Spektrum der sozialen Organisationsformen reicht vom einzelgängerisch lebenden Eulenpapagei, bei dem beide Geschlechter nur in größeren

Zeitabständen über eine eigenartige Balz zueinander finden, über die monogame „Zweierbeziehung" in abgegrenzten Territorien (Aras, Amazonen, Keilschwanzsittiche, Rotschwanzsittiche, Grau- und Langflügelpapageien und viele andere mehr) bis hin zu koloniebrütenden Arten, die oft in unmittelbarer Nachbarschaft ihre Jun-

Kognitive Fähigkeiten der Papageien

Papageien gelten gemeinhin als „intelligent", unter anderem, weil manche die menschliche Sprache nachahmen können. Wissenschaftler haben mittlerweile herausgefunden, dass Papageien im Verhältnis zum Körpergewicht über die größte Gehirnmasse aller Vögel verfügen. Auch haben die langjährigen Forschungsarbeiten der amerikanischen Psychologin Irene Pepperberg an dem Graupapagei „Alex" und seinen Nachfolgern eindrucksvoll die kognitiven Fähigkeiten von Papageien aufgezeigt (Pepperberg, 1999). Insgesamt gesehen werden die Nachahmungs- und Anpassungsfähigkeiten der Papageien, ihre komplexen sozialen Verhaltensweisen, ihr zum Teil ausgeprägtes Spiel- und Erkundungsverhalten und der für manche Arten dokumentierte Werkzeuggebrauch als Hinweise auf eine hoch entwickelte Kognition („Intelligenz") gewertet, die häufig sogar mit der von Primaten verglichen wird.

gen aufziehen und zum Teil gemeinsam oder wechselseitig betreuen (Mönchsittiche, Felsensittiche, manche Unzertrennli-

Die kognitiven Fähigkeiten der Graupapageien werden seit vielen Jahren von der amerikanischen Anthropologin Irene Pepperberg erforscht.

che und andere). Die diversen Zwischenformen und Abweichungen von diesen drei genannten Grundkategorien werden im Kapitel „Soziale Organisationsformen der Papageien" auf Seite 64 ff. genauer besprochen.

Weltweit bedroht

So unterschiedlich Größe, Gefiederfarben und soziale Organisationsformen bei den Papageien auch sind – ein gemeinsames Merkmal verbindet inzwischen fast alle Papageienarten der Welt miteinander: Sie gehören weltweit zu den am stärksten bedrohten Vogelgruppen überhaupt. Nach den Kriterien der Weltnaturschutzorganisation IUCN gelten inzwischen rund ein Drittel aller Papageienarten als potenziell bedroht, gefährdet oder vom Aussterben bedroht. Das Washingtoner Artenschutzübereinkommen listet in seinem Anhang I darüber hinaus mittlerweile rund 50 Papageienarten als vom Aussterben bedroht auf (und verbietet den kommerziellen Handel mit ihnen). Alle anderen Arten (mit Ausnahme von Wellensittich, Nymphensittich und Halsbandsittich) sind im Anhang II gelistet und unterliegen gewissen Handelsbeschränkungen (wobei anzumerken ist, dass die kommerzielle Einfuhr von Wildvögeln in die Bundesrepublik Deutschland seit Januar 2007 ohnehin ausgesetzt wurde).

Die Hauptgründe, die zum Rückgang vieler Papageienarten in allen Teilen der Welt geführt haben, sind der jahrelang ausufernde Handel mit Wildvögeln einerseits und die rasante Zerstörung der natürlichen Lebensräume (durch Holzeinschlag, Umwandlung in Agrarflächen und so weiter) andererseits. Gerade in den letzten 20 Jahren sind diverse Papageienarten oder -populationen an den Rand des Aussterbens gedrängt worden. Manche werden auf Dauer voraussichtlich nur noch in gut bewachten Nationalparks oder in menschlicher Obhut zu finden sein, wenn entsprechende Zuchtprogramme deren dauerhaftes Überleben sicherstellen können. Böse Zungen behaupten, dass mittlerweile mehr Papageien in menschlicher Obhut leben als in freier Natur. Ob das wahr ist, bleibt dahingestellt. Auf jeden Fall sollten die vielen Tausend in Käfigen und Volieren außerhalb ihrer Heimat lebenden Vögel allen Haltern Mahnung und Verpflichtung sein, sie so artgerecht wie möglich zu halten. Dazu ist eine genaue Kenntnis ihrer Bedürfnisse und ihres Verhaltens notwendig.

Neben dem internationalen Vogelhandel stellt die Zerstörung der natürlichen Lebensräume in vielen Teilen der sogenannten Dritten Welt die größte Gefahr für das Überleben der dort vorkommenden Papageienarten dar.

Die Geschichte der Papageienhaltung in Europa

Die Haltung von Papageien außerhalb ihrer Heimatländer hat eine lange Tradition. Nach Europa sollen die ersten Papageien (vermutlich Halsbandsittiche) schon im Anschluss an den Perserfeldzug Alexander

Der Pflaumenkopfsittich war einer der ersten Papageienarten, die schon rund 400 Jahre vor der Zeitenwende in der westlichen Welt bekannt wurde.

des Großen (nach 326 v. Chr.) gekommen sein, und zwar durch Onesikritos (etwa 375 bis 300 v. Chr.), den Obersteuermann in der Flotte Alexanders. Bereits 70 Jahre früher (397 v. Chr.) hatte der Grieche Ktesias in seinem Buch „Indiká“ über die Tierwelt Indiens berichtet und dabei auch schon einen Pflaumenkopfsittich erwähnt. Die ersten neotropischen Arten kamen nach den Entdeckungsfahrten von Christoph Kolumbus nach Europa. 40 Papageien (wahrscheinlich Aras und Amazonenpapageien) sollen von der ersten Reise 1492, sieben von der zweiten Reise 1494 aus Südamerika (und Westindien) nach Spanien gelangt sein. Wenig später lernte man offenbar auch den Graupapagei lebend in Europa kennen, denn über seine Haltung wird bereits 1555 in einem Vogelbuch berichtet. Ab etwa diesem Zeitpunkt sind verschiedene Papageienhaltungen, vor allem in päpstlichen oder kaiserlichen Menagerien Europas, ab etwa Mitte des 19. Jahrhunderts vermehrt auch in Privathand nachweisbar.

Menagerien und Zoos

Um das Jahr 1240 wurde in Deutschland eine der ersten Papageienhaltungen registriert, als der deutsche Kaiser Friedrich II. von seinem Freund, dem Sultan, aus Babylonien einen weißen Kakadu geschenkt bekam, vermutlich einen Weißhaubenkakadu von der Insel Celebes. Auch andere gekrönte Häupter hielten in ihren Menagerien und Privatkollektionen immer wieder einmal Papageien, verstärkt etwa seit Mitte des 16. Jahrhunderts, als der Handel mit Ost- und Westindien regelmäßig in Gang kam. Papst Leo X. soll während seines Pontifikats (1513 bis 1521) eine große vatikanische Menagerie aufgebaut und darin auch zahlreiche Papageien gehalten haben. Kaiser Rudolf II. (1552 bis 1612) besaß in seiner privaten Menagerie auf Schloss Neugebäu in Österreich unter anderem einen Gelbbrustara und einen blauen Ara, möglicherweise einen Hyazinthara. In den großen Zoos war ebenfalls vor allem die Großpapageien-Haltung an der Tagesordnung. So waren Mitte des 19. Jahrhunderts im Londoner Zoo neben anderen Arten die heute ausgestorbenen Karolinasittiche und der Kubaara vertreten. Besonders häufig wurden in den Zoos zur damaligen Zeit (besonders ab Mitte des 19. Jahrhunderts) Gelbbrustaras, aber auch Hellrote Aras, Grünflügelaras und nicht allzu selten auch Hyazintharas gehalten. Im Sommer 1910 befand sich im Tierpark Hagenbeck in Hamburg sogar ein zahmes Exemplar des heute im Freiland ausgestorbenen Spixaras.

Die übliche Form der Großpapageienhaltung, die sich in den Menagerien und Zoos damals vorrangig auf die Haltung von Aras (seltener auch auf Amazonen und große Kakadus) beschränkte, war die Präsentation der Tiere auf sogenannten Papageienbügeln. Teilweise mit gestutzten Flügeln und durch eine dünne Fußkette am Entfliegen gehindert, verbrachten die Papageien oft ein Leben lang auf einer knapp meterlangen Hartholz- oder Eisenstange, zwischen zwei Blechnäpfen für Futter und Wasser. Bei schönem Wetter wurden die Tiere tagsüber in die „Papageienallee" ins Freie gehängt, nachts wurden sie mitsamt ihrem Bügel in einem Innenraum untergebracht. Die Aras waren dabei oft in größerer Zahl und in verschiedenen Arten „als bunte Farbtupfer" und „tönende Aushängeschilder" im Eingangsbereich der Zoos vertreten. Noch bis in die zweite Hälfte des 20. Jahrhunderts reichen derartige Formen der Haltung und Zur-Schau-Stellung von Großpapageien hinein, wie der Verfasser noch um 1965 in drei Ruhrgebietszoos selbst erleben konnte.

Aus tiergartenbiologischer Sicht war diese Form der Haltung sicherlich völlig unzureichend, wenngleich die Tiere hier zumindest eingeschränkt die Gesellschaft von Artgenossen hatten. Das Stutzen der Flügel, die Kettenhaltung, das eingeschränkte Bewegungsvermögen, die fehlenden Möglichkeiten der Verpaarung und Fortpflanzung, der enge Kontakt zu den Zoobesuchern und so weiter gelten dagegen heute als Merkmale einer völlig inadäquaten Papageienhaltung, vor deren Hintergrund sich die Entstehung von physiologischen und psychischen Schädigungen und Störungen mit einer gewissen Wahrscheinlichkeit vorhersagen lässt.

Aber diese Form der Haltung spiegelt eben auch den damaligen Zeitgeist bei der Wildtierhaltung im Allgemeinen und das „Bild vom Papageien" in den Köpfen der Zoobesucher (und der Zoo-Verantwortlichen) im Besonderen wieder.

Der heute ausgestorbene Kuba-Ara war Mitte des 19. Jahrhunderts in mehreren großen Zoos und Menagerien vertreten (Museumsexemplar Sammlungs-Nr. ZMB 24 886 aus dem Naturkundemuseum in Berlin).

Für verschiedene Papageienarten werden in Europa Zuchtbücher geführt, so zum Beispiel für den vom Aussterben bedrohten Blaukehlara aus Nordost-Bolivien (hier abgebildet sind Jungvögel im Weltvogelpark Walsrode).

Bis in die jüngste Vergangenheit befriedigten die meisten Zoos vor allem die Publikumswünsche nach solchen möglichst zahmen, sprechenden und farbenprächtigen Arten. Sie beschäftigten sich demzufolge kaum mit Fragen von artgemäßer Haltung und Zucht ihrer Pfleglinge. Das hat sich mittlerweile nachhaltig geändert und einige Zoologische Gärten, darunter auch deutsche Einrichtungen, sind inzwischen zu Vorreitern im Papageienartenschutz geworden, haben Zuchtprogramme (EEP und ESB, siehe Kasten) eingeleitet und Freilanduntersuchungen an bedrohten Arten initiiert, durchgeführt oder mitfinanziert.

Private Papageienhaltung

Die private Papageienhaltung in Deutschland nahm erst ab Mitte des 19. Jahrhunderts zu und wurde damals im Wesentlichen durch den Einfluss von Karl Ruß (1833 bis 1899) geprägt. Er lieferte durch seine teils wissenschaftlichen, vor allem aber populären Veröffentlichungen über Papageien und durch die Gründung der Zeitschrift „Gefiederte Welt“ im Jahre 1872 die grundlegenden Kenntnisse für die private Papageienhaltung. In der Folge kam es mit den damals zahlreich eintreffenden Neuimporten zu vielen Haltungsversuchen und ersten Zuchterfolgen in Privathand, deren Erkenntnisse und Ergebnisse bis zur Gegenwart in der „Gefieder-

Zuchtbücher

Schon frühzeitig haben Zoos internationale Zuchtbücher zur Dokumentation der Zuchtlinien bedrohter Säugetiere aufgelegt. Mit ihrer Hilfe werden Verwandtschaftsverhältnisse, Geburten und Todesfälle von bedrohten Tierarten an verschiedenen Haltungsorten dokumentiert und das weitere „Management“ abgestimmt. Heute existieren auf verschiedenen Kontinenten Zuchtbuch-Systeme für diverse Säugetier-, Amphibien-, Reptilien- und Vogelarten. In Europa sind es das Europäische Erhaltungszuchtprogramm (EEP) und das Europäische Zuchtbuch (European Studbook = ESB).

Für die Erhaltungszucht von Papageien wurden in Europa mittlerweile etwa 15 EEPs (zum Beispiel für Hyazinthara, Blaukehlara, Rotsteißkakadu, Palmkakadu, Grünwangen- und Ecuadoramazone) und 13 ESBs (zum Beispiel für Rabenkakadus, verschiedene Loriarten, Blaumaskenamazone und Goldsittich) begründet. Nach wie vor sind die Hauptteilnehmer dieser Zuchtprogramme Zoos und Vogelparks, unter denen jeweils einer die Federführung eines Programmes übernimmt.

ten Welt“ ihren Niederschlag finden.

Bis heute ist die Papageienhaltung – auch die Großpapageienhaltung – vor allem eine Domäne der privaten Vogelhalter, deren Ambivalenz sich allerdings daran festmacht, dass die Privathalter einerseits nach wie vor zu den stärksten „Nutzern“ von Papageien gehören (und durch ihre dauernde und teils steigende Nachfrage den zeitweise ausufernden Handel mit Papageien in Gang hielten), andererseits durch ihre individuelle „Liebhaberhaltung“ viele Neuerkenntnisse über die Pflege und Zucht von seltenen (und bedrohten) Arten gewonnen und veröffentlicht haben.

Heute leben schätzungsweise rund 85 Prozent aller in Deutschland gehaltenen Papageien in Privathand, die übrigen 15 Prozent verteilen sich auf Zoos, Tier- und Vogelparks, deren Haltungssysteme von vorbildlichen Anlagen mit angeschlossenen Zuchtstationen bis hin zu halb privat betriebenen Hinterhofhaltungen reichen.

Die Mehrzahl der gehaltenen Papageien lebt heute in Privathaltungen, darunter auch große Seltenheiten wie zum Beispiel Banks-Rabenkakadus.

Auch die Haltungen der Privatliebhaber präsentieren sich sehr unterschiedlich. Ihre Qualität ist von der Motivation, der Finanzkraft, den Standortmöglichkeiten und dem Kenntnisstand der Halter abhängig. Die Motivation der privaten Vogelhaltung reicht vom Wunsch nach einem möglichst zahmen und vielleicht sogar „sprechenden" Wohnungsvogel über die Leidenschaft des „Sammelns" bedrohter Arten für ihre Privatkollektion bis hin zu ernsthaften und wissenschaftlich begleiteten Zuchtprojekten zur Erhaltung bedrohter Arten – mittlerweile oft auch in Kooperation mit anderen gleich gesinnten Haltern, Zoos und Vogelparks.

Wellensittiche und Unzertrennliche waren die ersten Studienobjekte der Verhaltensforscher Anfang der 1960er-Jahre – hier eine Volierengruppe von Schwarzköpfchen.

Die Erforschung des Papageienverhaltens im Überblick

Wissenschaftliche Verhaltensforschung an Papageien wird weltweit seit etwa Anfang der 1960er-Jahre betrieben und ihre Ursprünge gehen auf das Studium von Volierenvögeln zurück. Hier verdienen besonders die Arbeiten aus den Anfängen der ethologischen Papageienforschung Erwähnung, vor allem die inzwischen „klassischen" Studien von William C. Dilger und Roger A. Stamm an Unzertrennlichen sowie von Barbara Brockway an Wellensittichen.

In den frühen 1960er- bis etwa Mitte der 1970er-Jahre folgte eine Welle größerer und kleinerer Verhaltenstudien an Papageien, in denen die Grundlagen des Papageienverhaltens (fast ausschließlich an Tieren in menschlicher Obhut) erarbeitet wurden.

Im weiteren Verlauf der Erforschungsgeschichte des Papageienverhaltens wurden vor allem Studien zum Vorkommen bestimmter Verhaltensformen und Verhaltensvergleiche von mehreren verwandten Arten durchgeführt. Aus diesen Studien ergab sich fast regelmäßig, dass bestimmte Verhaltensabläufe entdeckt wurden, deren ökologischer Kontext dadurch erst deutlich wurde oder zumindest vermutet werden konnte.

Verhaltensstudien an Volierenvögeln haben also der Fachwelt oft erst die Palette möglicher Verhaltensweisen einer Vogelart erschlossen, Hinweise auf verwandtschaftliche Beziehungen bestimmter Arten gege-

Verhaltensforschung an Papageien (1960 bis 1980), chronologisch nach Arten (Auswahl)

Papageienart(en)	Verfasser
Unzertrennliche	Dilger (1960, 1962), Stamm (1960, 1962)
Verschiedene Arten	Kolar (1961)
Wellensittich	Brockway (1964a, b), Trillmich (1975, 1976)
Elfenbeinsittich	Hardy (1963, 1965)
Tovisittich	Power (1966, 1967)
Fledermauspapageien	Buckley (1968)
Schmalbindenlori	Ulrich et al. (1972)
Großer Soldatenara	Fritsche (1976), Kortstock (1976)
Kea	Zander (1976
Rosenköpfchen	Mebes (1978, 1981)

ben und zudem Aussagen (oft auch eher noch Fragen) über deren vermutetes Freilandverhalten (und dessen Funktion) ermöglicht, was bis heute bei vielen Arten immer noch weitgehend unbekannt ist.

Verhaltensforschung an Papageien, chronologisch nach Verhaltensformen (Auswahl)

Verhaltensform	Verfasser
Kratzverhalten	Brereton & Immelmann (1962)
Fußgebrauch	Smith (1971)
Spielverhalten von Keas	Keller (1975)
Werkzeuggebrauch	Boswall (1977, 1978, 1983, 1984)
Fress- und Trinkverhalten	Homberger (1980)
Spielverhalten von Rosakakadus	Gutman (1981)
Lautäußerungen/Agonistik von Loris	Serpell (1981, 1982)
Spielverhalten von Weißstirnamazonen	Skeate (1985)
Ausdrucksverhalten von Loris	Serpell (1989)
Balz und Kopula der Loris	Pagel & Greven (1990)
Explorationsverhalten der Papageien	Mettke (1993)

Ethologie

Als Ethologie oder Vergleichende Verhaltensforschung bezeichnet man eine Anfang des 20. Jahrhunderts aufkommende Forschungsrichtung, die darum bemüht war, das Verhalten von Tieren weitgehend objektiv zu beschreiben, ohne auf psychologische Kategorien wie Gefühl, Angst, Ärger und so weiter zurückgreifen zu müssen. Zentrale Begriffe und Forschungsfelder der Ethologie waren unter anderem Instinktbewegungen, Schlüsselreize, Handlungsbereitschaft, Erbkoordination, das Prägungskonzept und die Frage nach angeborenem oder erlerntem Verhalten. Mit dem Tod der prominentesten Vertreter dieser Forschungsrichtung Karl von Frisch (1886 bis 1982), Nikolaas Tinbergen (1907 bis 1988) und Konrad Lorenz (1903 bis 1989) wandelten sich auch Begrifflichkeiten und Forschungsansätze dieser Disziplin. Heute gilt die „klassische" Ethologie weithin als veraltet. Sie ist moderneren Forschungsansätzen wie der Soziobiologie, Verhaltensökologie oder Verhaltensphysiologie gewichen. Ethologische Methoden werden in der Papageienforschung allenfalls noch beim Studium wenig bekannter Arten unter Volierenbedingungen eingesetzt (zum Beispiel zur Erstellung eines „Ethogramms", des Verhaltensinventars einer Art). Häufig werden inzwischen aber mehrere Methoden aus Ethologie, Freilandökologie und Physiologie kombiniert, um Biologie, Ökologie und Verhalten einer Papageienart in ihrer gesamten Komplexität zu erfassen.

In diese Reihe der Verhaltenstudien an Volierenvögeln reihen sich auch die neueren Arbeiten über Augenring-Sperlingspapageien des leider viel zu früh verstorbenen Papageienforschers Ralf Wanker (1961 bis 2011) und seiner Mitarbeiter von der Universität Hamburg (ab etwa 1990) nahtlos ein und leiten gleichzeitig über zum idealen Studienverlauf einer Vogelart, nämlich zunächst der gründlichen ethologischen Erforschung von Volierenvögeln unter standardisierten Bedingungen und schließlich dem Übergang zur Freilandforschung.

Damit ist das Idealziel von Verhaltensforschungen an Tieren erreicht: zunächst Detailstudien zu allen Aspekten des Verhaltens in Menschenobhut mit möglicher Hypothesenbildung über dessen Funktion beziehungsweis Vorkommen im Freiland und schließlich Freilandstudien unter bestimmten Fragestellungen unter Berücksichtigung der gewonnenen Details aus den Studien in Menschenobhut. Daraus ergeben sich Möglichkeiten des qualitativen und quantitativen Vergleichs von Verhaltensweisen und auch die Möglichkeit zu überprüfen, welche Verhaltensformen möglicherweise in Menschenobhut gar nicht, im Freiland dagegen unter bestimmten Bedingungen sehr wohl vorkommen. Schließlich findet sich im Bereich der Ver-

haltensforschung an Papageien auch die beinahe ausschließliche Ausrichtung auf Freilandstudien, wie dies zum Beispiel in den Arbeiten von Noel Snyder, James Wiley und Cameron Kepler an der Puerto-Rico-Amazone, Ian Rowley am Rosakakadu und Robert Heinsohn am australischen Edelpapagei deutlich wird. Auch die am Research Centre for African Parrot Conservation der University Natal in Pietermaritzburg/Südafrika durchgeführten Studien unter Leitung von Mike Perrin über die Freilandökologie afrikanischer Papageien (Kappapagei, Braunkopfpapagei, Rüppellpapagei, Rosenköpfchen und andere) gehören in diese Kategorie. In diesen Studien vereinen sich die gesamten ökologischen und ethologischen Kenntnisse über die jeweilige Papageienart zu einer aufschlussreichen Synthese, die in ihrer Ausführlichkeit und ihrem Umfang jeweils beispielhaft ist. Man kann ohne Übertreibung feststellen, dass diese (und wenige andere) Arten – neben dem zuvor genannten Augenring-Sperlingspapagei – momentan zu den am besten erforschten Papageienarten der Welt zählen.
Seither sind in allen Teilen der Welt größere oder kleinere Studien zum Verhalten von Papageien, zu ihrer Ökologie und Bedrohung im Freiland, ihren Verhaltensstörungen in Menschenobhut und noch vielem mehr durchgeführt und publiziert worden. Dadurch hat sich der gesamte Kenntnisstand über die Papageienvögel deutlich vermehrt. Er reicht dennoch kaum an den Forschungsstand für andere Artengruppen heran. Nach wie vor mangelt es

Verhaltensökologie

Die Verhaltensökologie ist ein Forschungszweig der Evolutionsforschung und untersucht die Wechselwirkung von Umwelt und Verhalten. Sie geht von der Annahme aus, dass ökologische Faktoren sich zwingend im Verhalten der Tiere niederschlagen und damit das Überleben der Individuen und langfristig auch der Art als solches sicherstellen. Verhaltensökologen stellen Fragen nach der Evolution des Verhaltens im ökologischen Zusammenhang, sie erforschen also die Anpassung des Lebewesens an die Umwelt. Verhaltensökologen fragen zum Beispiel nach der spezifischen Nahrung und dem zur Nahrungssuche erforderlichen Aufwand, nach den Kriterien der Partnerwahl in Abhängigkeit vom Aufwand der Bruthöhlensuche und -verteidigung, der Bewachung der Jungvögel und der erforder-lichen Nahrungsbeschaffung, nach der sozialen und/oder sexuellen Monogamie von Paarbindungen, nach Gruppengrößen, Reviergrößen, Territorialverhalten und so weiter. Die Verhaltensökologie arbeitet dabei interdisziplinär und greift auf andere Begleitwissenschaften wie Verhaltensbiologie, Ökologie, Populationsbiologie, Evolutionsforschung, Genetik und Physiologie zurück. Mit diesem Ansatz hat sie in den letzten Jahren erfolgreich dazu beigetragen, die evolutiven Wurzeln der Arten-vielfalt auf der Erde besser verstehen zu lernen.

Das Studium des Papageienverhaltens

Nigel Collar, einer der führenden Papageienexperten der Welt, hat die Schwierigkeiten bei der Freilandforschung an Papageien folgendermaßen zusammengefasst: „Paradoxerweise gehören Papageien – trotz ihrer enormen Popularität – zu den am wenigsten bekannten Vogelgruppen. Im Freiland sind sie überaus schwierig zu studieren: Man kann sie nur schwer fangen, kaum markieren, denn sie knabbern Ringe und andere Kennzeichen ab; man kann ihnen nicht folgen, denn sie legen oft weite Strecken zurück, und man kann sie kaum beobachten, denn sie sitzen häufig in den höchsten Baumkronen und sind stundenlang im Blattwerk verborgen." (Collar, 1997, S. 296; Übersetzung vom Verfasser.)

vor allem an aussagekräftigen (Langzeit) Studien im Freiland, deren Notwendigkeit sich angesichts einer sich rapide wandelnden Welt mit immer schneller schwindenden natürlichen Lebensräumen inzwischen mit großer Dringlichkeit stellt, wenn man die Erkenntnisse daraus noch gewinnbringend für Artenschutzprojekte einsetzen will.

Für die Darstellung in diesem Buch hat sich der Verfasser entschlossen, die vorliegenden Detailstudien (vorwiegend aus den Beobachtungen an Volierenvögeln) nach Funktionskreisen – angefangen vom außersozialen Verhalten bis hin zum Sozialverhalten (mit Agonistik, Balz, Brut, Jungenaufzucht und Jugendentwicklung) – darzustellen und dabei hier und dort Hinweise auf deren ökologische Funktion im Freiland einfließen zu lassen. Diese Studien vermitteln derzeit noch einen genaueren Einblick in die spezifischen Verhaltensabläufe der Papageien als eine Übersicht über die Ökoethologie der wenigen gut bekannten Arten im Freiland. Vielleicht bietet sich zu einem späteren Zeitpunkt die Möglichkeit, die Methode umzukehren, wenn der Kenntnisstand weiter gereift ist.

Das Studium des Papageienverhaltens im Freiland ist von mannigfachen Schwierigkeiten begleitet: Eine ist die hohe Mobilität der Vögel, die regelmäßige Sichtkontakte mit den „Studienobjekten" erschwert – hier im Bild ein Rotbugara in Ecuador.

Größere Papageien nehmen große Futterbrocken in den Fuß und beißen dann Stück für Stück davon ab.

Das Verhalten der Papageien

Das Interesse für das Verhalten von Papageien beginnt meist mit einem zahmen (und leider vielfach einzeln gehaltenen) Stubenvogel. Häufig sind Wellen- und Nymphensittiche die ersten „Studienobjekte“, an denen Verhaltensbeobachtungen stattfinden. Beim Nymphensittich fasziniert zunächst die bewegliche Federhaube, die sich – ähnlich wie bei manchen Kakaduarten – auf- und abwärts bewegen kann und offensichtlich mit den Stimmungen des Vogels (Erregung, Furcht, Neugier und so weiter) zu tun hat. Bei einzeln gehaltenen Vögeln fallen – neben bestimmten nachgeahmten Lauten und Pfeiftönen – vor allem die monotonen schrillen Lautäußerungen auf, die im Haushalt auf Dauer derart nervenzermürbend wirken, dass viele Nymphensittiche frühzeitig „umständehalber“ wieder abgegeben werden. Wellensittiche zeigen als Einzelvögel oft Partnerfüttern an einem Plastikwellensittich oder einem kleinen Spiegel, der einen vermeintlichen Partnervogel widerspiegelt. Auch unternehmen Wellensittiche mangels Partners oft Begattungsversuche an „Ersatzobjekten“ wie Sitzstangen oder Futternäpfen.
Weiterhin gibt es auch heute immer noch den einzeln gehaltenen Großpapagei, sei es Graupapagei, Amazone oder Kakadu, der in einem kleinen und in jeder Hinsicht völlig unzulänglichen Vogelkäfig sein Dasein fristen muss. Auch diese Vögel zeigen „Verhalten“, häufig aber leider in der gestörten Form von Bewegungsstereotypien über gesteigerte Aggressivität bis hin zum Federrupfen als Folge unzureichender Haltungsbedingungen.

Die Sinne der Papageien

Wie nehmen Papageien ihre Umwelt wahr? Manche Aspekte ihrer Sinneswahrnehmung sind bisher noch weitgehend unerforscht, andere sind besser bekannt. Erwiesen ist, dass Papageien über ein ausgezeichnetes Sehvermögen verfügen und Farben (auch im UV-Bereich) erkennen können. Auch das Hörvermögen ist gut ausgeprägt. Darauf deuten unter anderem die zum Teil subtilen Kommunikationsstrukturen hin, bei denen Frequenzen, Tonhöhen und zeitliche Aufeinanderfolgen von Lautäußerungen zwischen Paarpartnern in kleinsten Feinheiten differenziert werden können.
Der Geschmackssinn ist – im Hinblick auf die oft vielfältige Nahrungsauswahl – bei Papageien durch eine Vielzahl von Geschmacksknospen an der Zunge besser entwickelt als bei allen anderen untersuchten Vogelarten. Über den Geruchssinn herrscht dagegen noch weitgehend Unklarheit; er scheint geringer ausgeprägt zu sein als bei manchen anderen Vogelarten. Über welche Sinneswahrnehmungen Papageien darüber hinaus verfügen, ist ebenfalls noch weitgehend unklar. Sicherlich gibt es aber diverse Sinnesrezeptoren, die über Schnabel, Zunge und Haut auf die Vögel einwirken und ihnen viele Informationen über ihre Umwelt verschaffen (Graham et al., 2006).

Auch „sprechende" und nachahmende Papageien haben in der Regel ein längeres Einzelvogelschicksal hinter sich und repräsentieren im Hinblick auf ihr Verhalten sicherlich nicht die „Norm" der betreffenden Art.

Verhaltensbeobachtungen dieser Art bilden keineswegs die Wirklichkeit des Papageienverhaltens ab, sondern beschreiben Ausschnitte aus dem reichen Katalog der Verhaltensstörungen, die bei Papageien infolge unzureichender Haltungsbedingungen auftreten können. Wer als Vogelhalter über diesen Punkt nicht hinauskommt, dem bleibt das faszinierende und äußerst komplexe Sozialverhalten der Papageien verborgen, das sich nicht nur durch Freilandbeobachtungen, sondern durchaus auch bei adäquater Volierenhaltung erschließen lässt. Dabei spielen neben der Volierengröße (im Verhältnis zur Vogelgröße) und dem Sozialverbund (Paar- und Gruppenhaltung) diverse weitere Faktoren eine Rolle, um „Normalverhalten" bei den beobachteten Vögeln in Erscheinung treten zu lassen (siehe auch „Verhaltensstörung und Verhaltensmodifikation", Seite 164 ff.).

Beobachtung und Deutung des Papageienverhaltens

Beobachtung im Zoo

Beginnen wir mit unseren Beobachtungen zum „Normalverhalten" von Papageien im Zoo oder Vogelpark. Gut geführte Parks, wie beispielsweise der Weltvogelpark in Walsrode oder Zoo und Tierpark Berlin, bieten beste Voraussetzungen für das Stu-

Mit den ersten Beobachtungen an den eigenen Käfigvögeln oder bei Zoobesuchen wird oft das Interesse am Verhalten von Papageien geweckt.

dium artgemäßen Papageienverhaltens. Hier leben die Tiere in der Regel in Großvolieren im Sozialverband, oft auch in Gemeinschaftsvolieren mit anderen Vogelarten aus dem gleichen Lebensraum. Hier erhalten sie eine ausgewogene Ernährung, eine regelmäßige Pflege und die mindestens ebenso wichtige regelmäßige Beschäftigung, die ihrer „Volierenlangeweile“ entgegenwirkt.

Hier können die Tiere den größten Teil ihrer arteigenen Verhaltensweisen ausleben, sie können zur Brut und Jungenaufzucht schreiten, die Jungvögel werden bei den Eltern beziehungsweise in der Gruppe sozialisiert und wachsen zu psychisch gesunden und irgendwann wieder fortpflanzungsfähigen Individuen heran, die für den weiteren Aufbau der Gehegepopulation geeignet sind.

Von dieser Idealvorstellung gibt es allerdings zwei Abweichungen: erstens, wenn der Zoo oder Vogelpark sich zur Entnahme und Handaufzucht der Jungvögel entscheidet (siehe Seite 165) und zweitens, wenn der Einfluss der Besucher derart Überhand nimmt, dass das „Normalverhalten“ der Vögel beeinträchtigt wird. Dies kann zum Beispiel durch ein übermäßiges Angebot von „Leckereien“ geschehen, die den Vögeln von Besuchern am Gitter offeriert werden. Abgesehen davon, dass ungeeignete und zu große Mengen an „externen“ Futtermitteln die Vögel krank machen können, geraten manche Tiere dadurch auch zunehmend in den Teufelskreis der „Futterzahmheit“ und des „Futterbettelns“.

Über die Sinneswahrnehmung der Papageien ist noch recht wenig bekannt. Ihr Geschmacksvermögen und die Fähigkeit, Nahrung mit der empfindlichen Zunge auf Genießbarkeit abzutasten, sind auf jeden Fall gut ausgeprägt wie bei diesem Gelbhaubenkakadu.

Beobachtung in der Voliere

Wer sich als Vogelhalter das Vergnügen gönnen möchte, „normales“ Papageienverhalten in der heimischen Voliere zu beobachten, muss nur einige grundlegende Dinge beachten. Zunächst bedarf es der sorgfältigen Auswahl einer geeigneten Vogelart. Manche Sperlingspapageien, einige Agapornidenarten, einige Grassittiche, Katharinasittiche, Zitronensittiche oder

„Normalverhalten“

Im Grunde lässt sich das „Normalverhalten“ von Papageien kaum beschreiben, denn die Verhaltensflexibilität vieler Arten ist – je nach Art und Kognitionsstatus – recht beachtlich, sodass sich die Tiere auch an veränderte Bedingungen, wie sie zum Beispiel in einer Volierenhaltung vorgefunden werden, gut anpassen können. Erst wenn die Grenzen der Anpassungsfähigkeit überschritten werden, kommt es zu Störungen des Verhaltens.

„Normalverhalten“ ist dann möglich, wenn die Tieren alle artspezifischen Bedürfnisse (Sozial- und Sexualpartner, Nahrung, Ruhe, Nistkasten, Kletter- und Bewegungsmöglichkeiten, Bade-, Knabber-, Spielverhalten und so weiter) in adäquater Weise befriedigen können. Wenn Papageien bei der Haltung in menschlicher Obhut dauerhaft körperlich und psychisch gesund, aktiv und in guter körperlicher Verfassung bleiben, sich fortpflanzen und ihre Jungen ohne menschliche Eingriffe aufziehen und zudem ein hohes Lebensalter erreichen, kann man davon ausgehen, dass ihre Haltungsbedingungen den Anforderungen entsprechen und ihr gezeigtes Verhalten in großen Teilen dem des Freilandverhaltens entspricht oder durch bestimmte Verhaltensmodifikationen kompensiert wurde. Dieses Verhalten ist gemeint, wenn in den vorigen Abschnitten von „Normalverhalten“ die Rede ist.

Allerdings verändern sich bei der Haltung in Menschenobhut üblicherweise die quantitativen Anteile bestimmter Verhaltensweisen gegenüber dem Freilandverhalten. So dürften beispielsweise Ruhe- und Schlafphasen bei Volierenvögeln ausgeprägter sein als bei frei lebenden Vögeln, während die Futteraufnahme (durch das täglich bereitgestellte Futter) weniger Zeit in Anspruch nimmt als bei der Nahrungssuche im Freiland.

Springsittiche lassen sich beispielsweise in recht überschaubaren Volieren als Gruppe halten und beobachten.

Auch größere odere „lautere“ Arten sind (bei toleranter Nachbarschaft und entsprechendem Platzangebot) durchaus auf Privatgelände zu halten. Reizvoll sind sicherlich Gruppen von Mönchsittichen oder gar Felsensittichen, aber auch an einzelnen Amazonen- oder Kakadupaaren lassen sich durchaus wertvolle Verhaltenbeobachtungen durchführen.

Natürlich bedarf es in allen Fällen einer geeigneten Volierengröße und -ausstattung, mehrerer Futterplätze und mehrerer Nistkästen, um Rangeleien innerhalb der Gruppe in Grenzen zu halten. Auch ein geeigneter Beobachtungsort (eine überdachte Terrasse, der unverstellte Blick aus dem Wohnzimmerfenster oder im günstigsten Fall sogar ein Beobachtungsraum) kann nicht schaden, um mehr als Zufallsbeobachtungen an seinen Vögeln zu erlangen. Wer es ganz genau wissen will, kann seine Beobachtungen auch systematisieren, seine Vögel individuell kennzeichnen und unter wissenschaftlichen Fragestellungen beobachten, fotografieren, filmen und die Ergebnisse anschließend auswerten und veröffentlichen. Methodisch hilfreich sind dabei der im Literaturverzeichnis aufgeführte Artikel von Jeanne Altmann sowie das Buch von Stephanie Wehnelt & Peter-Klaus Beyer.

Mit der bloßen Beobachtung erschließt sich allerdings nicht immer auch die Bedeutung einer bestimmten Verhaltensweise. Zwar sind die meisten Zusammenhänge zwischen Form und Funktion einer Verhaltensweise inzwischen geklärt, manches bleibt aber weiterhin im Unklaren und bedarf – besonders bei wenig gehaltenen Arten – weiterer Abklärung. Einige häufig zu beobachtende Verhaltensformen sind im Folgenden (mit Hinweis auf die genauere Beschreibung des Verhaltens im Buch) aufgeführt.

Beobachtung im Freiland

Als dritte Möglichkeit, das Verhalten von Papageien zu beobachten, bleibt die Beobachtung im Freiland. Abgesehen davon, dass dafür in der Regel ein größerer finan-

Ausreichend dimensionierte und gut ausgestattete Volieren stellen durchaus artgemäße Papageienunterkünfte dar, in denen die Tiere einen Großteil ihres natürlichen Verhaltens ausleben können (im Bild die Ara-Voliere des Weltvogelparks Walsrode).

Einige häufig zu beobachtende Verhaltensformen der Papageien und ihre Bedeutung (ohne pathologische Verhaltensauffälligkeiten)

Verhaltensform	Vorkommen	Bedeutung
Kratzen (S. 47 f.)	Alle Arten	Komfortverhalten, aber auch im „Übersprung“ als Imponierverhalten
Gähnen (S. 73)	Alle Arten	Komfortverhalten, aber auch Ausdrucksverhalten
Ausplustern/Abstellen des Körpergefieder (S. 80 f.)	Alle Arten	Thermoregulation, aber auch Teil des Imponierverhaltens, Aggression
Aufstellen der Federhaube (S. 70f)	Kakadus, Nymphensittiche, Hornsittich	Aufmerksamkeit, Neugier, Aggression „Erregung“
Aufstellen eines Federkragens (S. 80 f)	Fächerpapagei, Venezuela-Amazone, Taubenhals-amazone	Aufmerksamkeit, Neugier, Aggression „Erregung“
Abstellen der Flügelbuge (S. 80 f., 85 f.)	Viele Arten; auffällig bei Amazonen, Aras und andere	Balz und Imponiergehabe, defensives Drohen, Aggression
Spreizen der Schwanzfedern (S. 80 f.)	Viele Arten; auffällig bei Amazonen, Aras, Kakadus und andere	Balz und Imponiergehabe, Aggression
Verengen der Pupillen (S. 73)	Viele, vor allem helläugige Arten	Balz und Imponiergehabe, Aggression. „Erregung“
Fußheben (S. 85 f.)	Viele, vor allem neuweltliche Arten	Beschwichtigung, Abwehr
Verbeugen und Fächern des Schwanzgefieders (S. 107 f.)	Rabenkakadus, in Ansätzen auch Katharinensittiche und andere	Teil des Balzverhaltens („Lateralbalz“)

zieller und logistischer Aufwand betrieben werden muss, lassen sich Papageien meist auch nicht so einfach nebenher, zum Beispiel auf Urlaubsreisen, beobachten. Vielmehr ist es häufig unumgänglich, meist strapaziöse Touren mit ortskundigen Führern zu unternehmen, bis entsprechende Naturbeobachtungen gelingen. Ob man dann dabei auch auf Fotoabstand an die Tiere herangelangt und Detailbeobachtun-

Manche Arten, wie zum Beispiel Dickschnabelsittiche, Sperlingspapageien, Wellensittiche, Mönchsittiche oder Unzertrennliche, lassen sich in ausreichend dimensionierten Volieren gut in Gruppen halten und gestatten zum Teil tiefe Einblicke in ihr Sozial- und Gruppenverhalten. Im Bild ist eine für Beobachtungszwecke gekennzeichnete Rußköpfchen-Gruppe zu sehen.

gen möglich sind, ist zudem fraglich. Allerdings gibt es Ausnahmen, und zwar dort, wo Reiseanbieter gezielt Papageientouren, zum Beispiel ins Pantanal zu den Hyazintharas oder in den peruanischen Manu- oder Tambopata-Nationalpark zu einer der spektakulären Lehmlecken (Barreiros) anbieten, und wo Papageien der verschiedensten Arten frühmorgens regelmäßig zu beobachten sind. Diese Touren sind allerdings nicht ganz billig und offenbaren in der Regel auch nur selten Details des Papageienverhaltens. Es kann somit nicht schaden, wenn gewisse Details schon aus Beobachtungen an Volierenvögeln bekannt sind und nun in den größeren ökologischen Zusammenhang der frei lebenden Vögel eingeordnet werden können.

Eine weitere Ausnahme betrifft die „deutschen" Papageienpopulationen. Gemeint sind die entwichenen oder willentlich ausgesetzten Großen Alexandersittiche, Halsbandsittiche, Mönchsittiche und Amazonenpapageien, die inzwischen in mehr oder weniger großen Populationen in verschiedenen deutschen Parkanlagen ihr (Un)Wesen treiben. Eine der bekanntesten Populationen des Großen Alexandersittichs und des Halsbandsittichs beherbergt der Schlosspark in Wiesbaden-Biebrich. Auch hier sind Verhaltensstudien ohne größeren Aufwand möglich (und auch bereits mehrfach durchgeführt worden).

Wer professionell das Verhalten von Papageien im Freiland studieren möchte, benötigt viel freie Zeit, die notwendigen Finanzmittel und/oder einen enthusiastischen Sponsor. Meist werden solche Studien inzwischen von Doktoranden und/oder Studenten im Auftrag von mehr oder weniger finanzkräftigen Naturschutzorganisationen durchgeführt. Der World Parrot Trust in Großbritannien, die Loro Parque

Frei lebende Papageien in Deutschland

Schon 1975 wurde erstmals über frei lebende Halsbandsittiche in Köln, Brühl und Wiesbaden berichtet, die seinerzeit als Zooflüchtlinge eingestuft wurden. Seither mehren sich die Beobachtungen frei lebender Papageien in vielen Teilen Deutschlands. Vor allem Halsbandsittiche und Große Alexandersittiche haben sich mittlerweile an verschiedenen Orten Deutschlands ausgebreitet und ihre Populationen befinden sich in der Regel im Aufwärtstrend. Nur gelegentlich sorgen besonders kalte Winter für Bestandsrückgänge. Als Ursprungsvögel werden jeweils beabsichtigt ausgesetzte oder unbeabsichtigt entwichene Volierenvögel vermutet. Der Halsbandsittich wird mittlerweile in Deutschland als regelmäßiger Brutvogel geführt und ist aus der deutschen Avifauna kaum mehr wegzudenken. Aktuelle Informationen über frei lebende Papageien in Deutschland und im übrigen Europa finden sich auf der Homepage von Detlev Franz (www.papageien.org/Papageien vor der Haustür).

Fundacion auf Teneriffa und der Fonds für bedrohte Papageien mit Sitz in München gehören weltweit zu den wichtigsten Initiatoren (und Geldgebern) für solche Papageien-Studien. Sie widmen sich in der Regel hochbedrohten Arten und die Studien sollen – neben Statusbestimmungen – abklären, welche Bedrohungsfaktoren auf bestimmte Arten einwirken und welche Schutzmöglichkeiten gegebenenfalls bestehen.

Unabhängig davon, wie man sein persönliches Studium des Papageienverhaltens gestalten möchte, gilt: Jede Studie beginnt mit den Details, mit dem Kennenlernen einer Papageienart, mit einer Erstellung ihres Verhaltensinventars. Hiermit greifen wir wieder in die Methodenkiste der alten Ethologie und beginnen damit, jede Verhaltensäußerung einer Papageienart zunächst zu beobachten, zu beschreiben (= Ethogramm), zu deuten und – wo vorhanden – mit bereits veröffentlichten Arbeiten zu dieser oder einer verwandten Art zu vergleichen. Erst danach können bestimmte weitere Fragestellungen entwickelt, eventuell experimentell abgeklärt und bestenfalls später im Freiland zu

Der Große Alexandersittich gehört zu den häufigsten Neozoen unter den Papageien. Er ist mittlerweile in zahlreichen Parkanlagen und sogar mitten im Stadtgebiet von Köln anzutreffen.

Vergleichszwecken überprüft werden.
In den nun folgenden Kapiteln sollen Anregungen zum Selbststudium des Papageienverhaltens gegeben und die Ergebnisse der wichtigsten bisher veröffentlichten Studien referiert werden. Von hier aus kann dann jede(r) Interessierte an eigenen Fragestellungen weiterarbeiten.

Außersoziales Verhalten

Das Verhalten der Papageien im Freiland findet jeweils im unmittelbaren Kontext der auf sie einwirkenden Umweltfaktoren, der sozialen Verhältnisse, des Klimas und des Nahrungsangebotes seinen Ausdruck. Ökologie und Verhalten stehen demnach in untrennbarem Zusammenhang (siehe auch Seite 147). Allerdings sind viele dieser Wechselwirklungen für zahlreiche Arten im Freiland bislang nicht bekannt, sodass gegenwärtig eine umfassende Darstellung des Papageienverhaltens in großen Teilen noch auf Beobachtungen an gehaltenen Papageien angewiesen ist.
Im Folgenden werden somit die Verhaltensgrundlagen der Papageien, insbesondere ausgehend von detaillierten Studien an in Menschenobhut gehaltenen Tieren dargestellt. Hier sind die wichtigsten Grundlagen des Papageienverhaltens erarbeitet worden und auch heute noch – in einer Zeit der „Surveys" und Artenschutzprojekte im Freiland – stellen Studien an gehaltenen Vögeln eine der wichtigsten Möglichkeiten dar, Details des Verhaltens zu erforschen.

Gelbwangenkakadu beim Flügelstrecken – eine Verhaltensweise aus dem Funktionskreis des Komfortverhaltens.

Das Verhalten eines Papageien eines Paares oder einer Gruppe von Papageien ist als stete Auseinandersetzung mit den auf sie einwirkenden Umgebungsfaktoren zu sehen: mit den Klimaverhältnissen und den sich daraus ergebenden (tages- oder jahreszeitlichen) Lebensrhythmen, den verschiedenen Möglichkeiten der Fortbewegung, den Notwendigkeiten der Körperpflege, zum Beispiel des Staub-, Wasser-, Regen- oder Sonnenbadens, den Nahrungsgrundlagen und der Aufnahme von Nahrung und Trinkwasser sowie dem Werkzeuggebrauch. Alle Verhaltensweisen, die unter diesen Funktionskreisen zusammengefasst sind, werden als außersoziales Verhalten bezeichnet und in den folgenden Abschnitten ausführlich beschrieben.

Angeboren oder erlernt?

Als eine der Grundfragen der Verhaltensbiologie galt lange Zeit, ob ein bestimmtes Verhalten angeboren oder erlernt sei. Eine von mehreren möglichen Antworten darauf war, dass sich das Verhalten der Organismen – je nach Entwicklungsstufe – in unterschiedlichen Anteilen aus angeborenen und erlernten Komponenten zusammensetzt. Reflexe, Instinkthandlungen und Auslösemechanismen galten in der Regel als angeboren, erfahrungsbedingtes Handeln und Prägungsvorgänge als erlernt. Mittlerweile wird diese Frage nach einer sauberen Unterscheidung immer seltener gestellt, weil sich gezeigt hat, dass sich alle Merkmale eines Organismus in steter Interaktion mit der inneren und äußeren Umwelt herausbilden und deshalb keine eindeutigen Unterscheidungen möglich sind. In der modernen Verhaltensforschung geht man heute davon aus, dass jegliches Verhalten eines Organismus eine genetische Grundlage hat und stets zugleich in unterschiedlichem Ausmaß durch Umwelteinflüsse moduliert wird. Die Alternative zu „angeboren" ist demzufolge nicht „erlernt", sondern das genetische Programm eines Organismus kann durch verschiedenste Einflüsse umgebungsabhängig modifiziert werden.

Bei den Papageien kann man davon ausgehen, dass bestimmte Verhaltensweisen wie zum Beispiel die Lautäußerungen beziehungsweise der „Gesang" weitestgehend genetisch determiniert – also im klassischen Sinn „angeboren" – sind, wogegen zum Beispiel das Füttern der Jungen stärker erfahrungsbedingt ist, sich also erst in der ersten Interaktion mit Jungtieren vollständig ausbildet . Auch Prägungsvorgänge, die durch (isolierte) Handaufzucht der Jungtiere fehlgeleitet werden, gehören zum Lernverhalten.

Viele dieser (und der in den nächsten Kapiteln dargestellten) Verhaltensweisen sind überwiegend genetisch determiniert und relativ formkonstant (im klassischen Sinne „angeboren"), andere mehr erfahrungs- und prägungsbedingt („erlernt"). Die moderne Ethologie hält dieses (frühere) Gegensatzpaar heute allerdings methodisch und terminologisch nicht mehr aufrecht.

Tag- und Nachtaktivität

Die Mehrzahl der Papageien ist tagaktiv. Bei Tagesanbruch werden die Tiere aktiv, zeigen nach der Ruhe der Nacht Komfortverhaltensweisen wie Putzen und Strecken (siehe unten) und begeben sich dann paar- oder gruppenweise, seltener auch einzeln, zur Nahrungssuche. Die frühen Morgenstunden sind bei Papageien im Freiland wie in Menschenobhut von größter Aktivität geprägt. Die späten Vormittags-, Mittags- und frühen Nachmittagsstunden sind

Manche Papageien sind dämmerungs- und sogar nachtaktiv. Wenig bekannt ist, dass auch der Bourkesittich zu den dämmerungsaktiven Arten gehört.

dagegen für viele Arten Ruhephasen. Vor allem die tropischen Arten verbringen auf diese Weise die größte Mittagshitze ohne größere Aktivitäten im Schatten von Bäumen oder an anderen Ruheplätzen. Erst am Nachmittag erreichen die Papageien wieder einen zweiten Aktivitätshöhepunkt. Vor Einbruch der Dämmerung begeben sich die Vögel zu ihren Schlafplätzen, die sie – je nach Art – ruhig und unauffällig einnehmen oder aber sich in Gruppen beziehungsweise kleinen oder größeren Schwärmen zusammenfinden und unter lärmenden Lautäußerungen ihre Plätze zur Nachtruhe einnehmen. Gerade von australischen Kakadus weiß man, dass sie sich zur Nächtigung in großen Scharen auf Bäumen oder auch Telegrafenleitungen versammeln und bis lange nach Einbruch der Dunkelheit ihren Schlafplatz erkämpfen.
Die Vasapapageien Madagaskars sind – wie die meisten anderen Papageien – ebenfalls tagaktiv. Sie zeigen (zumindest in Menschenobhut) aber auch einen Aktivitätsrhythmus, der oft bis zum späten Abend oder gar bis in die Nacht hineinreicht. Dämmerungsaktivität und gelegentliche nächtliche Aktivität zeigen auch der neuseeländische Kaka, der Borstenkopfpapagei, der australische Bourkesittich und der wenig bekannte Schwarzstirnedelpapagei von der Insel Buru.
Zu den wenigen überwiegend nachaktiven Arten gehören vor allem Nachtsittich und Eulenpapagei, während die wenigen verlässlichen Informationen über den Erdsit-

tich, der unter anderem wegen seiner schwierigen Beobachtbarkeit in der Vergangenheit meist als nachtaktiv eingestuft wurde, eher auf eine Tagaktivität hindeuten.

Fortbewegung

Die Fortbewegung dient bei Papageien wie bei allen anderen Tieren zum Standortwechsel, sei es, um Nahrung zu suchen, einen Geschlechtspartner zu finden oder um vor einem rivalisierenden Artgenossen oder vor einem Beutegreifer zu flüchten. Folgende Formen der Fortbewegung sind zu unterscheiden:

Manche Papageienarten begeben sich ihr ganzes Leben lang kaum auf den Boden, andere – wie Laufsittiche, Grassittiche, Plattschweifsittiche und Königssittiche (im Bild ein Männchen) gehen regelmäßig der Nahrungssuche am Boden nach.

Beim **Stehen auf einem Ast** umklammern alle Zehen die Unterlage, beim Stehen auf dem Boden oder einem anderen flachen Untergrund liegen alle Zehen flach auf und die Intertarsalgelenke sind weitgehend gestreckt. Der Winkel zwischen Körperlängsachse des Vogels und der Unterlage variiert dabei je nach Wachsamkeit des Vogels. Er beträgt meist um 50 Grad, kann sich aber bei erhöhter Aufmerksamkeit bis etwa 80 Grad erhöhen oder auch bis etwa 30 Grad verkleinern, da in bestimmten Fällen häufige Auf- und Abwärtsbewegungen des Vogels zu beobachten sind. Diese Bewegungen werden oft von unruhigen Kopfbewegungen begleitet.

Beim **Laufen auf einem Ast** sind zwei Formen zu unterscheiden. Zum einen gibt es das Seitwärtsgehen, bei dem die Füße nebeneinander versetzt werden. Dieses „Trippeln" ist vielen Wellen- und Nymphensittichhaltern geläufig, kommt aber zum Beispiel auch beim Rosakakadu vor, vor allem bei aggressiver oder sexueller Annäherung an einen Artgenossen. Zum anderen gibt es das Vorwärtsgehen in Astrichtung, bei dem ein Fuß vor den anderen gesetzt wird. Hierbei befindet sich die Körperlängsachse gewöhnlich in einem Winkel von etwa 70 bis 80 Grad zum Ast. In bestimmten Situationen, zum Beispiel beim „aggressiven Schreiten", kann der Körper so weit zum Sitzast gesenkt werden, dass Körperlängsachse und Ast fast parallel verlaufen. Das Vorwärtsgehen in Astrichtung kommt bei fast allen Papageienarten vor, wahrscheinlich mit Ausnahme

derer, die ihr Leben vorwiegend (oder ausschließlich?) am Boden verbringen. Dazu gehören vor allen der Nacht- und der Erdsittich, aber auch der Eulenpapagei ist in weiten Teilen ein Bodenbewohner.
Beim **Laufen auf dem Boden** verhalten sich die meisten Papageienarten, die ansonsten vorwiegend im Geäst der Bäume leben, eher ungeschickt. Ihnen fällt es offenbar schwer, die Füße auf eine glatte Unterlage zu setzen und darauf zu laufen. Manche Arten gehen während ihres ganzen Lebens wahrscheinlich nicht auf den Boden herab, andere tun dies nur sehr selten, zum Beispiel wenn sie einen Trinkplatz am Boden ansteuern oder wenn sie die „Barreiros“ zur Aufnahme von mineralhaltiger Tonerde beziehungsweise Lehm aufsuchen. Ausnahmen bilden die zuvor erwähnten bodenlebenden Papageien und zum Beispiel auch die Laufsittiche Neuseelands, deren muskulöse Füße auf ein zeitweiliges Bodenleben, die Fortbewegung am Boden und das Herausscharren von Nahrung aus dem Boden angepasst sind. Weiterhin sind die Grassittiche und der Bourkesittich häufige Bodengänger, dann nämlich, wenn sie ihre bevorzugte Nahrung, Grassamen und Kräuter in Bodennähe zu sich nehmen.
Auch manche Kakadus zeigen besondere Anpassungen an das Bodenleben. Zu ihrem Verhaltensinventar gehört das Hüpfen auf dem Boden, das wir gleichfalls bei einer ganz anderen systematischen Gruppe finden: den Loris. Beim Schmalbindenlori ist das Hüpfen die übliche Fortbewegungsweise auf flachem Untergrund. Dabei stoßen beide Füße gleichzeitig vom Boden ab, werden dann etwas angezogen, um bald wieder vom Boden abzustoßen. Kopf und Hals begleiten diese rhythmischen Bewegungen gegensätzlich. Die Bedeutung dieser Verhaltensform ist unklar. Möglicherweise überwinden die Vögel auf diese Weise kleinere Vegetationshindernisse, zeigen ihren Artgenossen den eigenen Standort an oder verschaffen sich jeweils einen kurzen Überblick über die Umgebung.

Das **Klettern** kennen wir von einer Vielzahl von Volierenvögeln, angefangen von den Sperlingspapageien und Unzertrennlichen bis hin zu den Großsittichen, Loris, Kakadus und Aras. Im Käfig oder in der Voliere wird meist am Gitter geklettert, bevorzugt aufwärts und weniger abwärts. Selten befinden sich die Füße der kletternden Vögel nebeneinander, sondern meist ist ein Fuß über dem anderen am Gitter eingehakt und wird beim Klettern jeweils auf- oder (seltener) abwärts versetzt. In der Regel dient der Schnabel als dritter Haltepunkt und zusätzliches Greiforgan, mit dessen Hilfe sich der Vogel festhält. Mitunter klammert sich ein Vogel weit seitlich vom Körper mit dem Schnabel am Gitter fest und lässt danach das Gitter mit den Füßen los, sodass der Körper unterhalb zur Seite schwingt und der Vogel sich mit den Füßen wieder unterhalb seines Schnabels festkrallen kann. Arten mit besonders kräftiger Bein- und Fußmuskulatur, wie Ziegen- und Springsittich, können ohne Zuhilfenahme des Schnabels am Volierengitter aufwärts

Füße und Schnabel dienen für die meisten Papageien dem Klettern und Greifen.

klettern. Ein solches Kletterverhalten unter Ausnutzung des Schnabels als Kletterhilfe und Greiforgan ist auch aus dem Freiland von vielen Arten bekannt.

Das **Hangeln** oder **Hangen** steht mit dem zuvor genannten Kletterverhalten in engem Zusammenhang. Besonders Großpapageien (vor allem Aras, Amazonenpapageien und Kakadus) führen beim Klettern oft akrobatisch anmutende Verhaltensweisen aus, indem sie sich allein mit den Füßen oder gar nur einem Fuß beziehungsweise dem Schnabel an einem Ast, einer Telegrafenleitung, in Menschenobhut auch am Gitter des Volierendaches festhalten, dort schaukeln, spielerische Fußgefechte mit Artgenossen ausführen und damit offenbar ihrer „puren Lebenslust" Ausdruck verleihen. Manche Autoren schreiben dieses Verhalten deshalb dem Spielverhalten zu. Der Papageienforscher Ian Rowley, der solche Verhaltensformen bei Rosakakadus im Freiland beobachten konnte, führt aber an, dass auch adulte Vögel solches Verhalten zeigen können. Es trete bevorzugt zwischen den Phasen der Nahrungsaufnahme auf, finde in der Regel nur bei schönem Wetter statt und wirke stimmungsübertragend auf Artgenossen.

Die Hauptfortbewegungsweise der allermeisten Papageienarten ist das **Fliegen.** Da die wenigsten Vögel in groß dimensionierten Volieren leben, ist deren Flugvermögen im Detail nur sehr fragmentarisch untersucht. Bestimmte Rückschlüsse auf das Flugvermögen der einzelnen Arten sind durch die nähere Betrachtung von Form und Bau des Vogelkörpers bezie-

hungsweise der Flugorgane zu gewinnen. Ganz grob lassen sich auf diese Weise die „windschnittigen" langschwänzigen Sittiche von den motorisch eher eingeschränkten, schwerfälligeren kurzschwänzigen und rundflügeligen Arten (zum Beispiel Amazonenpapageien) unterscheiden.
Vögel, die an ein nomadisches Leben und täglich längere Suchflüge zu Nahrungs- und Wasserstellen angepasst sind, müssen zwangsläufig über ein besser ausgeprägtes Flugvermögen verfügen als Arten, die zu ihrer Nahrungsbeschaffung keine größeren Strecken zurücklegen müssen. Viele australische Gras- und Plattschweifsittiche sowie australische Kakadus sind demzufolge ausgezeichnete Langstreckenflieger. Der vielleicht „windschnittigste" aller Papageien ist der Schwalbensittich. Er und der Goldbauchsittich sind die einzigen echten Zugvögel unter den Papageien, die zur Brutzeit die (relativ kurze Distanz) über die Bass-Straße nach Tasmanien zurücklegen, den Winter dagegen im Südosten Australiens verbringen. Manche Arten erreichen bei ihren Wanderungen und Nahrungsflügen hohe Fluggeschwindigkeiten. Für den Rosakakadu wurde zum Beispiel eine Geschwindigkeit bei Langstreckenflügen von 70 km/h ermittelt. Graupapageien wurden über eine Kurzstrecke von 300 Metern mit 63 bis 72 km/h vermessen. Pfeilschnelle Flieger sind auch die südamerikanischen Rotschwanzsittiche und viele Keilschwanzsittiche.
Andere Arten, vor allem die Bewohner dichter Urwaldgebiete, in denen Nahrungspflanzen oft in relativ kurzen Entfernungen zur Verfügung stehen, verfügen über ein weniger gut ausgeprägtes Flugvermögen. Aber auch sie legen unter Umständen täglich oder zumindest im Abstand weniger Tage längere Flüge zurück, um zum Beispiel bestimmte Nahrungsquellen oder die bereits erwähnten „Barreiros" anzufliegen. Größere tägliche Entfernungen zwischen Übernachtungs- und Futterplätzen von bis zu 80 Kilometer sind zum Beispiel für den Kappapagei dokumentiert.

Bei der Haltung in menschlicher Obhut sind die Vögel in der Regel auf kurze (Gleit)Flüge, auf Schwirrflüge und andere unvollständige Flugformen angewiesen, die in den Volieren und Privatwohnungen

Kleinere Papageien (hier im Bild Schwarzköpfchen) können ihr Flugvermögen auf dem begrenzten Raum einer Voliere natürlich besser ausleben als die größeren Arten mit einer zum Teil beachtlichen Spannweite.

Papageien im Freiflug

Der inzwischen geschlossene deutsche Vogelpark in Metelen (Münsterland) unterhielt lange Jahre für einen Teil seiner Großpapageien eine geräumige begehbare Freiflughalle und gestattete darüber hinaus für einige Grünflügelaras den völligen Freiflug im weiträumigen Gelände des Vogelparks. Bei allen Nachteilen, die mit dieser Haltungsmethode verbunden sein können (Entfliegen, Beutegreifer, Straßenverkehr ...), haben zumindest diese Vögel die Gelegenheit, ihr Flugvermögen in vollem Umfang zu entfalten. Außerdem bietet sich für die Vogelparkbesucher die Möglichkeit, einen Eindruck vom Flugvermögen dieser im Freiland urwaldbewohnenden Papageienart zu gewinnen.
Auch die vielfach bewunderte (und von manchen kritisierte) Flugshow im norddeutschen Vogelpark Walsrode zeigt gegenwärtig (2011) das Flugvermögen von freifliegenden Aras, Amazonen (und Kronenkranichen) in beeindruckender Weise. Kritiker weisen darauf hin, dass dieser Erfolg nur mit handaufgezogenen und auf den Menschen (fehl)geprägten Vögeln erzielt werden kann und lehnen daher derartige Vorführungen grundsätzlich ab.

anders nicht möglich sind. Kleine Arten haben naturgemäß bessere Möglichkeiten, ihr Flugvermögen zu entfalten, als solche, die großräumige Fluganlagen zu ihrem Wohlbefinden benötigen würden, aber nur selten zur Verfügung haben. Manche Arten, zum Beispiel der Mohrenkopfpapagei und andere afrikanische Langflügelpapageien, haben bemerkenswerte Formen des Fliegens selbst in kleinen Volieren entwickelt. Sie sind zu Schwirrflügen oder auch zu „Propellerflügen" vom Boden der Voliere zu einem höher gelegenen Sitzast fähig. Besonders die großen Ara- und Kakaduarten sind dagegen in ihrem Flugvermögen bei der Mehrzahl der Privathaltungen, aber auch in vielen Zoos und Vogelparks, stark eingeschränkt.
Die Flugabsicht zeigen viele Papageien durch eine Veränderung der Kopfstellung an: Kurz vor dem Abfliegen wird der Kopf mehrfach nach vorn geneigt, zudem wird

Springsittiche eignen sich hervorragend für Freiflugversuche, denn sie sind standorttreu und innovativ genug, um die Futterplätze zu finden und auch neue Nahrungsbestandteile außerhalb der Voliere zu erschließen. Leider sind sie aber auch durch Katzen und Greifvögel stark gefährdet.

oft kurz vorher Kot abgegeben und dann das Körpergefieder eng angelegt.
Viele Papageienarten unterbrechen auch bei Langstreckenflügen ihre Flügelschläge durch kurze Gleitphasen, andere, zum Beispiel der Rosakakadu, gleiten nur bei den Landeanflügen. Das Gleiten stellt dagegen die einzige fliegende Fortbewegungsform des neuseeländischen Eulenpapageis da, der sich beinahe völlig zur bodenlebenden Art entwickelt hat und nicht mehr zu aktiven Flügen fähig ist, wohl aber zu Gleitflügen von erhöhten Punkten, die er zuvor erklettert hat.

Das auffällige Putzverhalten des imposanten Palmkakadus ist interessant zu beobachten.

Komfortverhalten

Aus dem Bereich des Komfortverhaltens sei zunächst das **Putzen des Gefieders** genannt. Ausgehend vom Kleingefieder werden die Federn der einzelnen Körperpartien durch den Schnabel gezogen und mithilfe der beweglichen Zunge gereinigt und geordnet. Für die Reinigung von Schwung- und Steuerfedern wird in der Regel weniger Zeit aufgewendet als für das Putzen des Kleingefieders. Als Beispiel für den Ablauf einer typischen Putzsequenz wird im Folgenden der relativ gut untersuchte Putzvorgang des Mohrenkopfpapageis beschrieben (siehe Seite 46).
Das Putzen findet oft am bevorzugten Aufenthaltsort eines Vogels statt. Der Putzvorgang selbst wird gelegentlich durch verschiedene Verhaltensformen unterbrochen. Dazu gehört zum Beispiel das wiederholte Strecken des Halses nach vorn oben oder das Ausschütteln des Gefieders, wobei gelöste Federn und Hautschuppen herausfallen.
Putzverhalten wirkt oft stimmungsübertragend, und zwar sowohl auf Artgenossen als auch auf Papageien verwandtschaftlich fern stehender Arten. Bei einer sechsköpfigen Gruppe von Mohrenkopfpapageien war beispielsweise zu beobachten, dass Putzverhalten in der Regel von einem einzigen Tier begonnen wurde und dann innerhalb weniger Sekunden die gesamte Gruppe mit der Gefiederpflege beschäftigt war.

Eine Variante des Putzens ist die **Fuß- und Krallenpflege.** Dabei wird der Fuß zum Schnabel geführt und mithilfe von Schnabel und Zunge von anhaftendem Schmutz gereinigt und von sich lösenden Hautschuppen befreit.

Gefiederpflege beim Mohrenkopfpapagei

Nach einer Einleitung des Putzvorganges durch Streckbewegungen oder Kratzen am Hinterkopf beginnt der eigentliche Putzvorgang. Hier ein Auszug aus Blomenkamp 1992, S. 413 f:

„Während des Putzens wird das Gefieder locker gesträubt gehalten, speziell an den Stellen, an denen der Vogel gerade Putzbewegungen ausführt. Besonders gut ist das Abspreizen der Flügelfedern zu erkennen. Die Papageien beginnen mit dem Reinigen an der Basis der Federn. Dazu schieben sie die Deckfedern durch eine rasche Rechts-links-Bewegung des Kopfes auseinander, um mit dem Schnabel an die hautnahen Bereiche zu gelangen. Das Putzen selbst besteht aus leichten Öffnungs- und Schließbewegungen des Schnabels, der dabei immer etwas geöffnet bleibt. Folglich kann der intensive Einsatz der Zunge beim Reinigen der Federn gut beobachtet werden. Abschließend ziehen die Tiere einzelne Federn mit den oben beschriebenen Schnabel- und Zungenbewegungen vom Ansatz her in Richtung Spitze durch den Schnabel, bevor sie zu einer anderen Gefiederpartie übergehen. Beim Bearbeiten von längeren Federn, wie etwa den Handschwingen, wird der Vorgang des Durchziehens manchmal nicht bis zum Ende ausgeführt, sondern vorher abgebrochen. Es kommt auch vor, dass bei den breiten Flügelfedern nur eine Seite (vom Federkiel aus betrachtet) geputzt wird.

Je nach der Körperregion, auf die sich die Putzaktivität des Vogels konzentriert, wird der entsprechende Flügel in verschiedenen Stellungen angewinkelt (Hängenlassen, Hochnehmen, leichtes Wegstrecken nach hinten usw.) und/oder der entsprechende Fuß mit offenen oder geschlossenen Zehen unterschiedlich hoch gehoben. So wird zum Beispiel beim Putzen der Flügelunterseite der Kopf über den Rücken nach hinten und von dort über die Flügel geführt (seltener von vorn). Beim Reinigen der Schwanzfedern wenden die Papageien Kopf und Schwanz auf einer Körperseite oberhalb des Flügels einander zu. Der Unterbauchbereich zwischen den Beinen wird bearbeitet, indem der Fuß an der Körperseite, wo der Putzvorgang erfolgt, sehr stark (bis über das Rückenniveau) angehoben und der Kopf an der Innenseite des Fußes vorbei nach unten gebogen wird.“

Die **Schnabelpflege** findet oft nach der Nahrungsaufnahme statt. Papageien säubern ihren Schnabel von anhaftendem Futter oder Schmutz durch scheuernde Bewegungen an einem Sitzast. Lösen sich auch nach wiederholten Versuchen die Futterreste nicht, führt der Vogel einen Fuß zum Schnabel und bemüht sich, diesen durch Kratzbewegungen zu reinigen. Bei den Loris erweist sich deren extreme Zungenbeweglichkeit als vorteilhaft für die Schnabelsäuberung. Sie sind in der Lage, die Zunge seitlich aus dem Schnabelspalt herauszustrecken und die Zungenspitze zum Säubern des Schnabels zwischen Mundwinkeln und Oberschnabelspitze von vorn nach hinten und umgekehrt entlang zu führen.

Der Abnutzung des Schnabelhorns dient das regelmäßige Beknabbern von Holz und anderen Gegenständen sowie die in Ruhephasen häufig zu hörenden „knarrenden Kaugeräusche" der Papageien, die dadurch entstehen, dass die Vögel ihren Unterschnabel an den Feilkerben des Oberschnabels reiben und dadurch schärfen (= abnutzen).

Kratzbewegungen sind eng mit dem Putzverhalten verbunden. Manche Putzvorgänge werden durch Kratzen am Hinterkopf eingeleitet oder auch beendet. Die Kratzbewegungen der Papageien treten in zwei unterschiedlichen Formen auf. Einige Arten kratzen sich „hintenherum", indem sie den Flügel senken, den Fuß unter dem Flügel hindurch zum Kopf führen und dann Kratzbewegungen mit Zehen und Krallen ausführen (zum Beispiel Wellensittiche, Unzertrennliche und die Mehrzahl der australischen Großsittiche). Andere Arten (alle Loris, alle Kakadus mit Ausnahme des Nymphensittichs, alle Neuweltpapageien mit Ausnahme von Sperlingspapageien und Dickschnabelsittichen, alle Grau-, Vasa- und Langflügelpapageien, alle Edelsittiche) kratzen sich „vornherum", indem

Neuweltpapageien – hier im Bild Perusittiche – kratzen sich in der Regel „vornherum", indem sie ihren Fuß bis zum Kopf heben und dort Kratzbewegungen ausführen.

Übersprungverhalten

Der Begriff des Übersprungverhaltens, auch Übersprungbewegung genannt, stammt aus der klassischen Ethologie und wurde von Nikolaas Tinbergen (1907 bis 1988), einem der Gründerväter der Vergleichenden Verhaltensforschung, eingeführt. Dabei handelt es sich um ein Verhaltensmuster, das vom Beobachter als „unerwartet“ oder „unpassend“ empfunden wird und keinen nachvollziehbaren Bezug zur gegebenen Situation zu haben scheint. Die frühen Vertreter der Ethologie deuteten ein solches Verhalten als Ausdruck eines Konfliktes zwischen zwei Instinkten, in dessen Folge eine Verhaltensweise aus einem völlig anderen (dritten) Funktionskreis gezeigt wird (Tinbergen 1979). Das Kopfkratzen des Menschen, wenn er einen großen, mit Menschen gefüllten Raum betritt, ist ein solches Beispiel für eine „unpassende“, nicht situationsgemäße Verhaltensweise, die oft auch als „Verlegenheitsgeste“ gedeutet wird.

ein Fuß direkt zum Kopf geführt und dort – unter Drehen und Wenden des Kopfes in die geeignete Position – mit der längsten Kralle des Fußes Kratzbewegungen ausgeführt werden.

Nach Auffassung der meisten Papageienkundler stellt das Kratzen „hintenherum“ die ursprünglichere Form des Kopfkratzens dar. Diese Verhaltensform erweist sich bei allen beobachteten Arten als recht starre Form des Verhaltens, wogegen die „moderneren“ Papageienarten, wie zum Beispiel fast alle neuweltlichen Papageien und Sittiche, mehr Verhaltensplastizität beim Kratzen „vornherum“ zeigen.

Neben dieser gewöhnlichen Form des Kratzens kennen wir das Kratzen im Übersprung, das erstmals Anfang der 1960er-Jahre von William Dilger für Unzertrennliche beschrieben wurde. Es kommt in Konfliktsituationen wahrend des Drohens, Imponierens oder der Balz vor und hat in diesen Situationen als funktionales „Kratzen“ offenbar keine Bedeutung.

Die **Streckbewegungen** der Papageien sind recht einheitlich. Der häufigste Ablauf ist das gewöhnliche Strecken durch Ausbreiten eines Flügels nach hinten unten. Das Bein der entsprechenden Körperseite wird dabei gleichzeitig nach hinten gestreckt, die entsprechende Schwanzhälfte gefächert. Streckbewegungen durch Anheben eines oder beider Flügel über den Rücken kommen – meist im Anschluss an den zuvor genannten Bewegungsablauf – ebenfalls häufig im Komfortverhalten vieler Arten vor. Das Recken des Halses und das Öffnen des Schnabels („Gähnen“) sind als Streckbewegungen der Hals- und Schnabelpartien zu werten.

Alle Streckbewegungen stehen eng mit dem Putzverhalten in Verbindung und wirken wie dieses stimmungsübertragend auf andere Artgenossen und auch artfremde Papageien. Streckbewegungen finden während des ganzen Tages statt, folgen jedoch bevorzugt auf eine Ruhephase. Zwischen Paarpartnern sind oft synchron ablaufende Streckbewegungen zu beobachten.

Verpaarte Papageien führen viele Verhaltensweisen synchron aus, wie hier die Streckbewegungen bei einem Paar Blaukappen-Amazonen (beim linken Vogel nur angedeutet).

Das **Ruhen und Schlafen** dient der Regeneration der Körperkräfte und findet bevorzugt in den Mittags- und Nachtstunden – außerhalb der Hauptaktivitätszeiten der Papageien – statt. Es nimmt bei frei lebenden Papageien den größten täglichen Zeitumfang vor allen anderen Verhaltensweisen ein. Manche Schlafplätze im Freiland werden „traditionell" über Jahrzehnte von Papageien genutzt, wenn sie nicht von Menschenhand zerstört werden. So waren in Gabun Graupapageienschlafplätze bekannt, an denen abends bis zu geschätzten 10 000 Vögel aus einer Umgebung von rund 20 Kilometer zusammenkamen. Andere Arten übernachten – vermutlich als Schutz vor Beutegreifern und zur Thermoregulation – gemeinschaftlich in Baumhöhlen. Feigenpapageien und Spechtpapageien übernachten zum Teil in den Bauten von Baumtermiten, Rosenköpfchen und Pfirsichköpfchen besetzen unter anderem die Nester von Webervögeln als Schlafstätten. 25 Erdbeerköpfchen wurden beim gemeinsamen Verlassen einer Schlafhöhle beobachtet, auch Goldsittiche aus Brasilien verbringen die Nacht häufig als Gruppe in einer Baumhöhle und Mönchsittiche übernachten in ihren selbst erbauten Zweignestern. Langjährig verpaarte Papageien übernachten oft paarweise in ihrer Nisthöhle und verteidigen auf diese Weise gleichzeitig ihren Brutplatz.

In Menschenobhut lebende Tiere, die wenig Freiraum und Beschäftigungsmöglichkeiten in ihrem Käfig oder ihrer Voliere haben, ruhen über lange Phasen des Tages. Bei zwei Studien unter gleichbleibenden Lichtverhältnissen verbrachten Elfenbeinsittiche 57 Prozent und Wellensittiche durchschnittlich 38 Prozent eines

24-Stunden-Tages in irgendeiner Form des Ruhens oder Schlafens. Manche Amazonenpapageien, die in kleinen, würfelförmigen Papageienkäfigen leben müssen, zeigen oft nur zu Zeiten der Nahrungsaufnahme geringfügige Aktivitäten und ruhen ansonsten permanent auf ihrer Sitzstange.
Im Freiland setzt die Suche nach einem Schlafplatz die Rückkehr von den Futterplätzen zum regelmäßig benutzten Schlafplatz vor Einbruch der Dämmerung ein und wird an den Massenschlafplätzen mancher Papageienarten zu einem langwährenden Spektakel, wo erst mit Anbruch der Nacht Ruhe einkehrt.
In der Voliere ruhen Papageien meist auf einem hochgelegenen Ast, auf einem Bein sitzend, mit leicht abgespreiztem Körpergefieder unter zurückgedrehtem Kopf und mit teils oder ganz geschlossenen Augen. Ruhephasen dauern in der Regel weniger lange als Schlafphasen und zeigen einen geringeren Intensitätsgrad.
Die Schlafhaltung gleicht weitgehend der Ruhestellung, allerdings wird dabei stets der Kopf zurückgedreht und die Augen sind vollständig und über längere Zeit geschlossen.
Eine besondere Form des Ruhens und Schlafens haben die asiatischen Fledermauspapageien entwickelt. Sie hängen sich mit den Füßen kopfüber an dünne Äste (in Menschenobhut an das Gitter des Volierendaches) und nehmen dort die Schlafhaltung ein. Eine ähnliche Schlafstellung gehört zu den regelmäßigen Ver-

 Fledermauspapageien gehören zu den wenigen Arten, die kopfunterhängend ruhen.

haltensformen des südamerikanischen Katharinasittichs, des afrikanischen Orangeköpfchens und kann gelegentlich auch beim Bergpapagei, beim Smaragdsittich, beim Grünbürzel-Sperlingspapagei und bei Vertretern der Gattung *Poicephalus* (Goldbug- und Braunkopfpapagei) beobachtet werden. Ob es bei Letzteren zu den üblichen Verhaltensformen oder – wie bei einigen Rotsteißpapageien beobachtet – zu den Verhaltensrelikten der Jungvögel gehört, bleibt dahingestellt.
Jungvögel bis zu einem Alter von wenigen Monaten (und erkrankte Altvögel) ruhen in der Regel auf zwei Beinen. Alle anderen Tiere sitzen während des Ruhens oder Schlafens auf einem Fuß, während der andere an den Körper gezogen und im Gefieder erwärmt wird. Einige Papageienarten verbringen ihre Ruhe- und Schlafzeiten in Menschenobhut zu bestimmten Jahreszeiten oder auch ganzjährig in ihren Nisthöhlen, wie zum Beispiel Bergpapageien, Weißbauchpapageien, Elfenbein- und Tovisittiche.

Das **Badeverhalten** der Papageien ist bisher nicht Gegenstand einer gesonderten Studie gewesen. Im Freiland baden Papageien vor allem im Regen oder schlüpfen durch tau- oder regennasse Blätter (das sogenannte Taubaden oder Regenbaden). Seltener begeben sie sich zum Baden auf den Boden herab. Staubbäder sind bei Papageien bisher nur vereinzelt beschrieben worden wie zum Beispiel für Blaugenick-Sperlingspapageien in West-Ecuador.
In Menschenobhut schätzen die meisten Arten Regenbäder oder ein Wasserbad durch die Sprinkleranlage oder durch die Blumenspritze. Sie spreizen dabei ihr Körpergefieder weit ab, öffnen die Flügel, fächern den Schwanz und vollführen dabei – unter lautstarkem Geschrei – oft akroba-

Ruhen und Schlafen bei Katharinasittichen

Aus Beobachtungen an in Menschenobhut gehaltenen Katharinasittichen weiß man, dass die Tiere auch kopfunterhängend ruhen und schlafen. Sie nutzen dazu die dünnsten Spitzen der verfügbaren Ästchen, halten sich mit den Füßen daran fest und lassen sich herabhängen.
Die ursprüngliche Funktion des Verhaltens liegt vermutlich in der Feindabwehr. Katharinasittiche, die reglos von einem dünnen Ästchen herabhängen, wirken wie ein kleines grünes Blatt und sind somit bestens getarnt. Zudem dürfte bei Annährung eines Beutegreifers jede kleine Erschütterung des Hängeastes die sofortige Aufmerksamkeit und anschließende Flucht des Sittichs nach sich ziehen. Erste Beobachtungen deuten auch darauf hin, dass diese hängende Position nicht nur im entspannten Umfeld (Ruhen, Schlafen), sondern auch in Konfliktsituationen (dann offensichtlich zur Tarnung) eingenommen wird.
Unklar ist bislang, ob die Vögel die Nacht mit zurückgedrehtem Kopf – ähnlich der Ruhehaltung der aufrecht schlafenden Papageien – verbringen (Lautermann 2003a).

Diese Blaustirnamazone in Volierenhaltung genießt das Regenbad.

tische Körperbewegungen, damit das Wasser jeden Teil des Körpers erreicht. Diesen Vorgang hat der australische Papageienforscher Ian Rowley auch bei Rosakakadus im Freiland beobachtet und treffend als „Raindance“ bezeichnet. Palmkakadus hängen sich zum Regenbaden kopfunter mit ausgestreckten Flügeln und gespreiztem Schwanzgefieder an einen Ast. Dem Taubaden im Freiland entspricht eine Beobachtung an Schmalbindenloris, die sich am frühen Morgen mit den Füßen und dem Schnabel am Dachgitter der Voliere festklammerten und dabei vorhandene Tautropfen mit dem Bauch abstreiften.
Auch von Badeschalen machen viele Papageienarten in Menschenobhut Gebrauch. Sie stellen sich dazu in der Regel an den Rand des Badegefäßes und tauchen den Vorderkörper mehrfach schnell ins Wasser und schütteln sich danach. Nur wenige Papageien steigen mit beiden Füßen in die Wasserschale, breiten die Flügel aus, fächern den Schwanz und versuchen, möglichst rundum nass zu werden. Brütende Papageienweibchen nehmen häufig Wasserbäder in Schalen, befeuchten auf diese Weise ihr Brustgefieder und erhöhen dadurch die Luftfeuchtigkeit (und die Schlupfwahrscheinlichkeit für die Jungvögel) in der Nisthöhle.
Den Regen- und Wasserbädern folgen meist ausgedehnte Putzphasen auf hochgelegenen Sitzästen, die auch zum Ruhen und Schlafen gern aufgesucht werden.

Sonnenbaden kommt bei manchen Arten vor, wogegen andere (vor allem Waldbewohner) direkte Sonneneinstrahlung weitgehend meiden. So verbringen zum Beispiel die Kongo- und Braunkopfpapageien des Verfassers die sonnigen Mittagsstunden stets im schattigen Inneren des Schutzhauses, während Springsittiche, Bourkesittiche und Glanzsittiche zur gleichen Zeit ausgiebige Sonnenbäder in der Freivoliere nehmen. Glanz- und Bourkesittiche spreizen dabei zeitweise die Flügel

ab, Springsittiche neigen ihre Köpfe seitlich der Sonne zu. Auch die madagassischen Vasapapageien scheinen Sonnenanbeter zu sein, wie Beobachtungen im inzwischen geschlossenen Vogelpark Plantaria in Kevelaer gezeigt haben. Sie ruhen und sonnenbaden in der prallen Mittagssonne mit ein- oder beidseitig abgespreiztem Flügelgefieder auf einem Ast.
Zum Komfortverhalten gehört schließlich auch das **Absetzen von Kot.** Kotabgabe kann auf dem Boden oder von einem Sitzast herab erfolgen. In der Regel senkt das betreffende Tier dazu sein Hinterteil, spreizt das Steißgefieder und presst danach den Kot heraus. Loris setzen in der Regel einen sehr dünnflüssigen Kot ab. Anschließend wird das Gefieder manchmal geschüttelt. Häufig erfolgt eine Kotabgabe vor dem Abflug.

Nahrungs- und Wasseraufnahme

Papageien ernähren sich überwiegend frugivor und granivor, das heißt, die bevorzugte Nahrung vieler Arten besteht aus Früchten, Getreide, Samen, Beeren und

Beim Sonnenbad spreizen Vasapapageien ihr Flügelgefieder seitlich ab.

Diese Schwalbensittiche lassen es sich an einer Orange schmecken.

Nüssen in vielen Formen, Größen und Reifestadien, darüber hinaus aus Knospen, Blüten, Wurzeln, Blütennektar und in geringerem Maße auch aus Wirbellosen (Insekten, Spinnen, Würmer).
Viele Arten nehmen in ihrem natürlichen Lebensraum eine Vielfalt unterschiedlicher Nahrung in verschiedenen Reifestadien zu sich, zu bestimmten Jahreszeiten auch unterschiedliche Nahrungsbestandteile – je nach Verfügbarkeit und Bedarf. Andere Arten sind Nahrungsspezialisten, die – wie die Loris – vorwiegend auf Blütennektar und weiche Früchte angewiesen sind, oder – wie beispielsweise die Tucumanamazonen – überwiegend Araukariensamen zu sich nehmen.
Helmkakadus ernähren sich fast ausschließlich von bestimmten Eukalyptussamen. Rotkappensittiche haben ebenfalls eine Präferenz (und eine spezielle Schnabelform) für die bevorzugte Aufnahme von Eukalyptussamen und Graupapageien für

Keas als Schafkiller?

Den Keas aus Neuseeland haftet seit Jahrzehnten der Ruf an, sie seien Schafkiller oder vergriffen sich zumindest an jungen Lämmern oder schwachen und kranken Tieren. Dieser Ruf hat seither vielen Tieren das Leben gekostet. Zeitweise hatte die neuseeländische Regierung sogar Kopfprämien von bis zu 3 Schilling pro Kea ausgesetzt. Allein zwischen 1920 und 1928 sollen solche Prämien für 29 000 getötete Keas gezahlt worden sein. Erst seit 1970 steht die Art vollständig unter Schutz.
Inzwischen geht man davon aus, dass Keas unter Umständen tatsächlich gelegentlich kranke und altersschwache Schafe anfliegen und auf sie einhacken, besonders wenn sie schon blutende Verletzungen oder Hautläsionen aufweisen. Gleiches gilt auch für auf natürliche Weise durch Absturz, Schneefall und Lawinen zu Tode gekommene Tiere, mit denen die Keas in Berührung kommen. Man führt das darauf zurück, dass die Farmer ihre geschlachteten Schafe teilweise zum Trocknen an Fleischerhaken ins Freie hängen und manche Vögel auf diese Weise Geschmack an Fleisch und Fett gefunden haben. Von generellen Attacken auf Schafe und großen Verlusten in Schafherden kann bei Keas allerdings nicht die Rede sein (Jackson 1962, Westerkov 1990, Diamond & Bond 1999).

die Früchte der afrikanischen Ölpalme und Hyazintharas für (das Öffnen besonders hartschaliger) Palmfrüchte entwickelt. Die gelegentliche Aufnahme tierischer Nahrung in Form von kleinen Wirbellosen ist für diverse Papageienarten dokumentiert. Eindrucksvoll in diesem Zusammenhang ist eine Beobachtung an Hyazintharas im Pantanal, die aus einem stehenden Gewässer Schnecken aufsammelten und fraßen. Den neuseeländischen Keas wird seit Jahrzehnten sogar nachgesagt, dass sie sich an lebenden Schafen vergreifen und dadurch ihren Bedarf an tierischem Eiweiß decken.
Bei den samen- und körnerfressenden Papageienarten erfolgt vor der Nahrungsaufnahme zunächst ein Schälvorgang, der für alle Arten typisch ist und von der Biologin Dominique Homberger (1980) folgendermaßen beschrieben wird:
„Relativ kleine Samen werden zwischen Oberschnabelspitze und Zungenspitze einzeln aufgehoben ..., relativ große Samen werden stets zwischen Oberschnabelspitze und Unterschnabelschneide ergriffen. Darauf wird der Samen mit der Zungenspitze zwischen Quervorsprung und Unterschnabelschneide fixiert. Die Lage des Samens wird fortwährend mit der Zungenspitze sowie durch Heben und Senken des Ober- und Unterschnabels und durch Lateralbewegungen des Unterschnabels reguliert. Nun wird der Samen mit der

Tierische Nahrung für den Goldbugpapagei

In einer Langzeitstudie des Research Centre for African Parrot Conservation im Norden von Botswana wurde festgestellt, dass der Goldbugpapagei im Jahresverlauf eine Vielfalt an unterschiedlichen Nahrungsbestandteilen zu sich nahm. Kurz vor der Brutzeit konzentrierte sich die Nahrungsaufnahme aber bevorzugt auf fünf verschiedene Fruchtarten. Darunter enthielten die Früchte der Beddanuss, des Marulabaumes, des Mopanebaumes und eines Combretum-Strauches zum Erstaunen der Forscher stets Insektenlarven. Was anfangs als Zufall gewertet wurde, weitete sich zur Gewissheit aus, als die Forscher in zweiwöchigem Abstand jeweils 500 Proben der Früchte nahmen und dabei stets Insektenlarven verschiedener Arten in ihnen fanden. In der anschließenden Auswertung der Daten zeigte sich deutlich, dass Goldbugpapageien-Männchen, die ein Weibchen zu versorgen hatten, kurz vor dessen Eiablage (in der Eibildungsphase) ausschließlich von Parasiten befallene Früchte aufnahmen, wogegen die Tiere außerhalb der Brutzeit auch andere Pflanzen und Früchte fraßen. In den Worten der Forscher: „Die Eiproduktion der Papageien war mit der höchsten Befallsrate der Früchte mit den Insektenlarven synchronisiert." Die Spezialisierung der Vögel auf diese befallenen Früchte wird zum einen als Nutzung einer speziellen Nahrungsnische gewertet und deckt zum anderen den während der Brut erhöhten Eiweißbedarf der Vögel (Boyes 2008).

Zungenspitze so lange gedreht, bis eine Naht, eine Rille oder Kante auf der Samenschale ertastet und anschließend auf die Unterschnabelschneide geschoben wird. Durch einen kräftigen Biss spaltet die Unterschnabelschneide die Schale entzwei und schiebt sich zwischen dem apikal gerichteten Teil der Schale und dem Kern bis zur gegenüberliegenden Seite des Samens ein. Dann wird der Kern mit der Zungenspitze von unten nach oben gedreht, sodass nun die ursprünglich mundhöhlenwärts gerichtete Schalenhälfte gegen die Feilkerbenfläche zu liegen kommt. Darauf wird der Kern mit der Unterschnabelschneide oder mit der Zungenspitze von der Schale gelöst, auf die Zungenspitze genommen und nach hinten befördert. Je nach Individuum sowie Samengröße und -beschaffenheit wird der Kern vor dem Verschlucken in kleinere Stücke zerbissen. In der Regel werden kleinere Samen unzerkaut verschluckt."

Größere Futterbrocken werden von den Papageien in der Regel anders gehandhabt.

Papageienarten, die nicht zum eigentlichen Fußgebrauch bei der Nahrungsauf-

Mehrere Studien zur „Händigkeit" von Papageien belegen, dass die meisten Tiere eine bevorzugte Greifhand haben.

nahme fähig sind, beißen zum Beispiel von einem größeren Obststück, das in der Futterschale liegt oder auf einen Metallstift gespießt wurde, Stückchen für Stückchen ab und nehmen es zu sich. Kleinere Stücke werden mit dem Schnabel ergriffen, dann kletternd oder fliegend zu einem bevorzugten Sitzast transportiert, dort abgelegt, unter den Fuß geklemmt und dann Stück für Stück davon abgebissen.
Zu diesen Papageienarten gehören die meisten australischen Sittiche, Unzertrennliche und andere Arten, darunter die meisten der sogenannten Großpapageien. Aber auch Keilschwanzsittiche, Edelsittiche, Langflügelpapageien, Ziegensittiche und nach neuesten Erkenntnissen auch der Nymphensittich sind zu regelrechtem Fußgebrauch bei der Nahrungsaufnahme fähig. Sie nehmen zuerst das Futterstück mit dem Schnabel aus der Futterschale, führen dann einen Fuß zum Schnabel, ergreifen den Futterbrocken
mit den Krallen und beißen stückweise davon ab.
Bei Obststücken wird vor dem Verzehr von jedem Bissen stets die Fruchtschale entfernt, indem sich der Unterschnabel, ähnlich wie beim Samenschälen, zwischen Fruchtfleisch und -schale schiebt und damit die Schale löst. Jeder Bissen wird vor dem Verschlucken zerkaut und dabei der ausgetretene Saft heruntergeschluckt oder (im Falle von Fußgebrauch) von den Füßen abgeleckt.

Einzigartig unter den Papageien ist die Ernährungsweise des Borstenkopfpapageis, der im Freiland vorwiegend Feigen, weiche Früchte, große Blüten und wahrscheinlich Nektar zu sich nimmt. Früchte werden mit dem Schnabel aufgehoben und als Ganzes in den Schnabel genommen. Mit dem Unterschnabel wird darauf, wenn nötig, ein mundgerechtes Stück abgebissen. Der Rest wird fallen gelassen.

Bei der Wasseraufnahme unterscheidet die Biologin Homberger vier gruppentypische Methoden. Die Arten der Unterfamilie Cacatuinae (Kakadus einschließlich des Nymphensittichs) schöpfen das Wasser

Fußgebrauch und „Händigkeit“ bei Papageien

Ein Randgebiet der Papageienforschung ist die Frage nach der „Händigkeit“ beziehungsweise „Füßigkeit“ von Papageien, also die Frage, welchen Fuß die Vögel zum Beispiel bei der Nahrungsaufnahme, bei der Objektmanipulation oder beim Ruhen und Schlafen (auf einem Fuß) bevorzugt oder ausschließlich nutzen. Friedmann & Davies (1938) kamen nach der Beobachtung von 16 Sittich- und Großpapageienarten (mit jeweils 20 Beobachtungen zur Fußnutzung bei der Nahrungsaufnahme) zu dem Ergebnis, dass die Papageien im Durchschnitt zu 72,2 Prozent den linken Fuß benutzen, während der übrigen Zeit den rechten Fuß oder sich uneindeutig verhielten. Nur wenige Vögel waren zu 100 Prozent linkshändig, das heißt, sie benutzten stets den linken Fuß.

Bei einer ähnlichen Untersuchung an Amazonenpapageien zeigte sich hingegen, dass von 28 beobachteten Tieren in sieben Arten bei 26 eine eindeutige „Füßigkeit“ nachzuweisen war. Zehn Tiere benutzten ausschließlich den rechten, 16 ausschließlich den linken Fuß bei der Nahrungsaufnahme (Lantermann & Wildschrei 1991).

Die Forschungslage ist bisher nicht eindeutig und es werden gegenwärtig unterschiedliche Hypothesen diskutiert. Manche Autoren gehen bei gehaltenen Vögeln schlicht von einem „Training“ einer Nachahmungsleistung aus. Andere haben herausgefunden, dass bei der Fußnutzung im Zusammenhang mit Nahrung eine strenge „Füßigkeit“ (in der Regel Links-Füßigkeit) vorherrscht, beim Aufgreifen von Spiel- oder Knabberobjekten und beim Sitzen auf einem Fuß dagegen durchaus ein Fußwechsel stattfinden kann. Skelett-Asymmetrien, unterschiedliche Länge der Beinknochen, Lage der inneren Organe und unterschiedliche Gehirn(hälften)-Anatomie werden als mögliche Faktoren genannt, die Rechts- oder Linkshändigkeit bei Papageien beeinflussen könnten (Harris 1989, Joseph 1989).

mit dem Unterschnabel. „Dieser wird dabei tief in die Flüssigkeit eingetaucht und mehr oder weniger waagerecht gehalten. Beim anschließenden Kopfheben wird Wasser mit dem Unterschnabel aufgeschöpft.“

Die Loris (Loriinae) pinseln Flüssigkeit mit der Zungenspitze auf. „Die Papillen an der Zungenspitze werden auseinandergespreizt, sodass ein Pinsel entsteht, der sich mit Flüssigkeit vollsaugt und in die Mundhöhle zurückgezogen wird. Erst beim erneuten Vorstecken der Zunge wird der Pinsel an den vorragenden unpaaren Gaumen gedrückt; dadurch wird die Flüssigkeit ausgepresst und die Papillen in ihre Ausgangslage zurückgestreift.“

Die Eigentlichen Papageien (Psittacinae)

Die Nahrungsaufnahme der Loris

Die Nahrungsaufnahme der Loris unterscheidet sich von der der Samen- und Körnerfresser.
Früchte werden zunächst mit der aufgefächerten Zungenbürste abgetastet. „Die Zunge wird dabei nicht wie beim Trinken nach jeder Berührung der Nahrung völlig in die Mundhöhle zurückgezogen, sondern erst nach mehreren Tastbewegungen. Darauf werden mundgerechte Stücke abgebissen, indem die Oberschnabelspitze in die Frucht eingehakt wird und der Unterschnabel sich in das Fruchtfleisch einsenkt. ... Der Bissen wird nun unter dauerndem Drehen durch die Zungenspitze zwischen Unterschnabelschneide und Horngaumen zerdrückt und zerkaut, wobei der austretende Saft mit der Zungenbürste aufgeleckt wird. Das mehr oder weniger entsaftete Stück wird durch kurzes, heftiges Kopfschütteln aus dem Schnabel geschleudert. ... Pollen und Nektar werden mit der weit aus der Schnabelhöhle herausgestreckten Zungenspitze aufgebürstet.“ (Homberger 1980, S. 40).

schöpfen Wasser mit der muldenförmigen Zungenspitze, „die dann durch Anpressen der Zunge an den Gaumen geschluckt wird. Anschließend wird die ganze Zunge vom Gaumen abgehoben, um gegebenenfalls die Schöpfbewegung von Neuem auszuführen“.
Der Borstenkopfpapagei und die Fleder-

Loris ernähren sich im Freiland bevorzugt von Blütennektar und weichen Früchten, in Menschenobhut nehmen sie ersatzweise mit einem speziellen Loribrei vorlieb (im Bild Allfarbloris im australischen Freiland).

mauspapageien (Loriculinae) haben grundsätzliche ähnliche Trinkmuster. Sie pressen die Zunge an den Gaumen und trinken saugend-pumpend. Der Borstenkopfpapagei „trinkt ausschließlich mithilfe der Zunge und des Oberschnabels. Dabei gelangt beim Abheben der Zungenspitze vom Gaumen Flüssigkeit in den Raum zwischen Zunge und Gaumen. Durch das anschließende, von vorn nach hinten ablaufende, wellenartige Andrücken der Zunge an den Gaumen, unter gleichzeitigem, leichtem Zurückziehen der Zunge, wird Flüssigkeit in die Mundhöhle gepumpt".

Die Fledermauspapageien trinken ausschließlich mithilfe der Zunge und des Oberschnabels. „Mit der einfachen Vor-Rück-Bewegung der Zunge ist eine Flüssigkeitsaufnahme nur denkbar als ein Schlucken der an der eingetauchten Zungenspitze haftenden Flüssigkeitsmenge" nach dem Prinzip des Zungenbenetzens. Aus dem Freiland ist eine Form des Trinkens für den Rosakakadu bekannt, die für Papageien eher ungewöhnlich zu sein scheint und für andere Arten bislang wohl auch nicht beschrieben ist. Rosakakadus können nämlich aus dem Flug heraus Wasser zu sich nehmen oder aber sie landen kurz in tiefem Wasser, nehmen einen Schnabel voll Wasser auf und fliegen dann wieder ab. Der Ornithologe Ian Rowley, der diese Verhaltensformen beschrieben hat, nimmt an, dass es sich dabei um Schutzmaßnahmen gegenüber am Ufer lauernden Beutegreifern handelt.

Werkzeuggebrauch

Die Verhaltensweisen, die unter dem Begriff „Werkzeuggebrauch" zusammengefasst werden, stehen meist in Zusammenhang mit dem Komfortverhalten und dem Nahrungserwerb. Sie sind teilweise eng gekoppelt mit den außersozialen Spielen des Nahrungserwerbs und dem Objektspiel (siehe Seite 142).

Werkzeuggebrauch bei Tieren

„Der Werkzeuggebrauch bei einem (Säuge) Tier oder Vogel ist definiert als die Benutzung eines Gegenstandes als funktionelle Ausdehnung und Verlängerung von Mund oder Schnabel, Hand oder Klaue, um unmittelbar ein Ziel zu erreichen. Es dient dem Zweck, Futter zu erlangen, den Körper zu pflegen oder einen Beutegreifer oder sonstigen Eindringling zu verjagen etc."(van Lawick-Goodall 1970, S. 78. Übersetzung vom Verfasser). Eine andere weiter gefasste Definition beschreibt den Werkzeuggebrauch bei Tieren als die Handhabung eines unbelebten Objektes, mit dessen Hilfe die Position oder Form eines weiteren Objektes verändert wird (Beck 1980).

Werkzeuggebrauch kommt bei frei lebenden und in Menschenobhut lebenden Tieren vor. Bei Papageien kennt man es fast ausschließlich von Käfig- und Volierenvögeln und hier wiederum bevorzugt von den sogenannten Großpapageien. In der Literatur sind zahlreiche Beispiele aufgeführt, bei denen besonders Kakadus (Nacktaugen-, Gelbwangen-, Goffin-, Molukkenkakadus, Große Gelbhaubenkakadus) und Graupapageien, seltener auch Amazonenpapageien und Aras, dabei beobachtet wurden, wie sie die unterschiedlichsten Gegenstände benutzten, um sich damit an verschiedenen Körperstellen zu kratzen. Am häufigsten wird berichtet, dass die Tiere sich mithilfe kleiner Hölzchen im Kopfbereich kratzten. Aber auch diverse andere Gegenstände, zum Beispiel Tee- und Esslöffel, leere Zigarettenschachteln, Drahtstücke, leere Nussschalen, Brotkrusten, Knochenstücke, Käfigspielzeug, Kiefernzapfen, ausgefallene Schwung- und Schwanzfedern und vieles mehr wurden als Kratzhilfen benutzt.

Bei drei Kakadumännchen (Großer Gelbhauben-, Orangehauben- und Gelbwangenkakadu) konnte der Verfasser beobachten, wie sie von den Sitz- und Kletterstangen in ihrer Unterkunft kleine Holzspäne mit dem Schnabel abschälten, in den Fuß nahmen und damit anschließend Kratzbewegungen im Hinterkopf- und Rückenbereich ausführten. Der Orangehaubenkakadu trennte sogar einmal ein etwa 12 cm langes, 18 bis 20 mm starkes und rund 40 g schweres Aststück vom Ende eines Sitzastes ab, nahm es in den rechten Fuß und ging in dieser Position in die Ruhestellung. Er plusterte sein Gefieder dabei in der typischen Weise auf, schloss das linke Auge völlig, während das rechte so weit offen blieb, dass er die Ereignisse in seiner Umgebung weiterhin wahrnehmen konnte. Diese Ruhephase dauerte rund 35 Minuten. Im Anschluss daran begann er mit der Pflege des Gefieders, wobei er nach wie vor auf einem Bein sitzen blieb und das Aststück mit dem rechten Fuß festhielt. Später benutzte er den Ast mehrfach, um sich damit im Nackenbereich zu kratzen.

Eine Variante, die sowohl beim Gelbwangenkakadu als auch beim Großen Gelbhaubenkakadu zu beobachten war, bestand darin, dass Holzspäne von 15 bis 18 cm Länge bei einer Breite von 8 bis 10 mm und einer Dicke von rund 2 mm abgeschält und als Kratzwerkzeuge benutzt wurden. Im Gegensatz zum Aststück waren diese Holzspäne relativ leicht und prob-

Von der spielerischen Verwendung von kleinen Zweigen bis zur Nutzung dieser Zweige als Kratzwerkzeuge ist es nur ein kleiner Schritt.

Objektmanipulation – hier im Bild ein Goffin-Kakadu mit einem Rundhölzchen – ist die Vorstufe zum Werkzeuggebrauch.

lemlos zu handhaben. Die Vögel konnten damit beim Kratzen beinahe alle Körperstellen mühelos erreichen. Der Große Gelbhaubenkakadu bugsierte wiederholt vor dem Ruhen einen solchen Holzspan mit dem Fuß auf den Hinterkopf, dort unter die verlängerten Haubenfedern und klemmte mit diesen das Holzstück fest. So ruhte der Vogel dann für längere Zeit (zwei protokollierte Ruhephasen dauerten 55 und 112 Minuten), nahm danach sein „Werkzeug" wieder in den Fuß und kratzte sich damit.

Neben dem eigentlichen Kratzen sind Fälle bekannt, in denen Papageien sich mithilfe von Gegenständen den Hinterkopfbereich vorsichtig durchkämmten, ja beinahe „streichelten". Die Bedeutung dieses Verhaltens ist unklar. Da es sich in den beobachteten Fällen jedoch stets um einzeln gehaltene Stubenvögel handelte, ist denkbar, dass sie darin eine Form der Befriedigung des Bedürfnisses nach sozialer Gefiederpflege fanden.

Weiterhin wird über die auffallend häufige Benutzung von Hohlkörpern bei der Nahrungsaufnahme und beim Trinken berichtet. Es sind einige Fälle beschrieben, in denen vor allem Kakadus und Graupapageien kleine Gefäße (umgekehrte Glöckchen, Flaschendeckel, eine Pfeife, eine Nussschale) und Teelöffel zum Schöpfen von Wasser oder Futter benutzten, den

„Behälter" anschließend in den Fuß nahmen, um schließlich Stück für Stück, Schluck für Schluck daraus zu fressen oder zu trinken. Während in den meisten Fällen keine „Notwendigkeit" für ein derartiges Verhalten zu erkennen war, ist doch von einem Kakadu bekannt, dass er eine leere Nussschale dann zum Schöpfen von Wasser benutzte, wenn der Wasserstand im Trinkgefäß zu niedrig war, um mithilfe des Schnabels daraus Wasser aufzunehmen.
Als Erklärung für die Benutzung von Behältern mag gelten, dass viele Papageienarten scheinbar nur sehr ungern ihre oft tiefer gelegenen oder am Käfigboden stehenden Futter- und Wassernäpfe aufsuchen – besonders dann, wenn die Käfige ohnehin sehr tief oder gar auf dem Boden stehen. Sie sind stattdessen bemüht, möglichst wenig Zeit am Futternapf zu verbringen und – soweit möglich – ihre Nahrung auf der höchstgelegenen Sitzstange in ihrem Käfig zu verzehren. Manche Tiere finden sich deshalb in dauernder Bewegung zwischen Futterplatz und oberstem Sitzplatz. Die Benutzung eines Behälters, in dem sich Wasser oder Futter in einer gewissen Menge speichern lässt, kommt einer solchen Situation entgegen.
Gewissermaßen als „Vorstufe" zu dieser Form von Werkzeuggebrauch kann man folgende Beobachtung an einem Grünflügelara werten. Das Tier lebte allein in einer etwa 2 Meter hohen Voliere, die mit einem einzigen Sitzast ausgestattet war. Futter- und Wassernapf waren einfach auf den Boden gestellt. Zur Nahrungsaufnahme kletterte der Vogel am Drahtgitter auf den Boden, schaufelte eine kleine Menge Körnerfutter in den Unterschnabel, kletterte zurück auf den Ast und verzehrte dort die Samen Stück für Stück.
Eine weitere Form des Werkzeuggebrauches bei der Nahrungsaufnahme wurde für Hyazintharas beschrieben. Die Vögel legten beim Knacken der überaus hartschaligen Palmnüsse kleine Hölzchen, die sie von den Sitzästen abgeschält hatten, zwischen Fuß und Oberschnabel. Damit konnten sie die Nuss beim Öffnen besser festhalten. Mit der Zeit und entsprechender Übung wurden die benutzten Holzstückchen so klein, dass man sie schließlich nur noch beim Abschälen vom Ast, aber kaum mehr bei der Verwendung im Schnabel wahrnehmen konnte.
Als letzte Form des Werkzeuggebrauches innerhalb des außersozialen Verhaltens bei Papageien kennen wir Grabtätigkeit mithilfe von Gegenständen. Im Zoo von Indianapolis wurde von zwei Großen Gelbhaubenkakadus berichtet, die mit flachen Steinen Erde vom Boden wegkratzten, und zwar ausgerechnet dort, wo Volierenwand und der (Natur)Boden aufeinander trafen. Ob diese Grabtätigkeit auf ein Entkommen der Vögel abzielte oder nur als Wegscharren von bereits gelockerter Erde aus Beschäftigungsgründen gewertet werden muss, bleibt dahin gestellt.
Im Brookfield-Zoo bei Chicago benutzte ein weiblicher Edelpapagei einen Teil eines Palmwedels, um eine Mulde in den Sand am Käfigboden zu scharren. Dorthinein legte das Tier später – in Ermangelung eines Nistkastens – seine Eier.

„Drumming to a different beat“

Vor einigen Jahren wurde eine Form des Werkzeuggebrauches entdeckt, die allerdings eher der Kommunikation unter Artgenossen und damit dem Sozialverhalten zuzuordnen ist. Bei Palmkakadus auf der australischen Cape-York-Halbinsel wurde beobachtet, dass vor allem männliche Palmkakadus mithilfe von Gegenständen (Holzstücken, harten Samenkapseln) Laute erzeugten und damit ihre Territorialität bekundeten. Sie knabberten dazu meist Aststücke von etwa 2 cm Dicke und 10 cm Länge von ihren Sitzästen ab, entfernten das Laub und einen Teil der Rinde und flogen damit zu ihrem „Aufführungsplatz“ in der Nähe der Nisthöhle. Sie nahmen dort das Holzstück in den Fuß und schlugen damit laut auf den jeweiligen Sitzast. Das Geräusch war weithin zu hören und wurde bevorzugt in der Jahreszeit zwischen der Nisthöhlenwahl und dem Verlassen des Nestes durch den Jungvogel (Palmkakadus legen in der Regel nur ein Ei!) produziert. Nach Ansicht des Beobachters handelt es sich bei dieser Form des Werkzeuggebrauches um eine Herstellung und Benutzung von Werkzeugen, die einzigartig unter den Vögeln und in dieser komplexen Form sonst nur bei den Primaten zu finden sei. Ein zweites Freilandbeispiel stammt ebenfalls aus der Gruppe der Kakadus. Bei einem Großen Gelbhaubenkakadu auf Papua-Neuguinea wurde beobachtet, dass er Zweige von erhöhten Sitzwarten aus auf einen Fledermausadler herabwarf, um diesen einzuschüchtern und zum Abflug zu bewegen (Wood 1987).

Über den Ursprung und die Bedeutung des Werkzeuggebrauches herrscht noch weitgehend Unklarheit. Möglicherweise entwickelt er sich im Jugendalter im Spannungsfeld zwischen Spiel, Exploration und Neophobie (siehe auch Seite 142 f.). Bei manchen Formen, die an Käfig- oder Volierenvögeln beobachtet wurden, handelt es sich wahrscheinlich um Dressuren oder Nachahmungsleistungen. Beim Kratzen scheint dagegen sicher, dass es sich – da es bei mehreren Tieren unabhängig voneinander und in stereotypem Ablauf beobachtet wurde – nicht um andressierte Bewegungsabläufe handelt, sondern um art- oder gar gattungsspezifische Muster, die sich ohne Vorbild entwickeln können und durch Übung vervollkommnet werden. Dabei haben wir es der Funktion nach wohl mit einer Form echten Werkzeuggebrauches zu tun, bei dem die Papageien zum Teil das Werkzeug selbst herstellten, in einem Fall (Beispiel Orangehauben kakadu) sogar nach einer ersten Benutzung im Fuß im Gefieder aufbewahrten, um es nach einiger Zeit wieder hervorzuholen und erneut zu benutzen.

Soziale Organisationsformen der Papageien

Die Beziehungen zu dem Partnertier, anderen Artgenossen, den Jungvögeln – sei es in Form von aggressiven Auseinandersetzungen und Flucht oder Paarbildung, Fortpflanzungsgemeinschaft und späterer Jungenaufzucht – setzt eine Vielzahl komplexer Formen der innerartlichen Kommunikation unter den Papageien eines Paares, einer Gruppe oder eines Schwarmes voraus. Die Kommunikation zwischen Vertretern unterschiedlicher Papageienarten oder noch verwandtschaftlich ferner stehender Vogelarten spielt im Leben der meisten Papageienarten ebenfalls eine wichtige Rolle und verlangt bestimmte interspezifische Kommunikationsmöglichkeiten. Diese Erscheinungen und die wichtigsten Ausdrucksverhaltensweisen in der Papageienkommunikation sind Gegenstand der folgenden Abschnitte, die das Sozialverhalten der Papageien beschreiben.

Papageien verfügen über ein recht komplexes Ausdrucksverhalten, das sich vor allem akustisch (durch Lautäußerungen) oder optisch (durch bestimmte Körperhaltungen) präsentiert.

Unter tierlichem Ausdruck versteht der Tierpsychologe und Tiergartenbiologe

Unter den Papageien gibt es sehr unterschiedliche soziale Organisationsformen – von den streng solitär oder monogam lebenden Arten bis hin zu den gruppenlebenden Arten wie diese Sonnensittiche.

Heini Hediger (unter besonderer Berücksichtigung der in Menschenobhut lebenden Wildtiere) alle am Tier feststellbaren veränderlichen, nichtpathologischen Erscheinungen, welche (für Artgenossen, Rivalen, Beutegreifer, Nicht-Artgenossen) zum Verstehen seiner Situation beitragen können.

Das akustische Ausdrucksverhalten

Das laute „Gekreische" von Papageien ist beinahe sprichwörtlich, und in der Tat sind die akustischen Lautäußerungen von Aras, Amazonenpapageien oder Kakadus in der Regel kein Wohlklang für das menschliche Ohr. Sie sind mitunter über viele hundert Meter Entfernung zu hören und haben im Freiland vor allem kommunikative Funktion. Sie ertönen bevorzugt während des Fluges, in den vor- und nachmittäglichen Aktivitätsphasen und beim abendlichen Einnehmen der Schlafplätze. Eine These besagt, dass die Komplexität des Lautinventares einer Papageienart mit ihrem Sozialitätsgrad steigt, oder anders ausgedrückt: Je sozialer eine Papageienart ist, desto komplexer ist ihr stimmliches Ausdrucksverhalten. Umgekehrt würde das bedeuten, dass die weniger sozialen Arten wie Erdsittich und Eulenpapagei ein weniger ausgeprägtes Lautverhalten zeigen, was in der Tat der Fall ist.

Papageienlaute und -geräusche können – je nach der Art ihrer Entstehung – stimmlich und mechanisch erzeugt werden. Stimmliche Laute sind solche, die durch die Syrinx, ein kompliziert gebautes Stimmbildungsorgan, hervorgebracht werden. Ganz allgemein lassen sich folgende soziale Funktionen von Vogellauten unterscheiden:

- Stimmfühlung
- Aggression gegenüber Artgenossen
- paarinterne Verständigung
- Füttern der Jungen
- Bedrohung durch Feinde

In diesem Sinne sind stimmliche Lautäußerungen als ein wichtiges Verständigungsmittel im Leben der vorwiegend sozial lebenden Papageien zu verstehen. Im Allgemeinen kann man die Lautäußerungen der Papageien als Einzellaute oder -rufe bezeichnen, die nur bei wenigen Arten melodisch und aneinandergereiht dargeboten werden, sodass sie dem Gesang mancher Singvögel ähneln (zum Beispiel bei Wellensittich, Zitronensittich, Aymarasittich, Pflaumenkopfsittich). Bemerkenswert sind die Laute der Laufsittiche, die vor allem beim Ziegensittich so sehr an das Meckern von Ziegen erinnern, dass sie im Deutschen namengebend waren.
Offenbar verfügen die bisher näher untersuchten Papageien über relativ wenige und wenig differenzierte Naturlaute. Allerdings sind manche Arten bekanntlich sehr nachahmungsbegabt, und so fällt es bei Tieren, die längere Zeit in Menschenobhut leben (und fast nur solche kommen für detaillierte bioakustische Untersuchungen bevorzugt infrage) mitunter schwer, ihre Naturlaute von den Lautimitationen sau-

Braunkopfpapageien werden in Menschenobhut zu den stimmlich eher unauffälligen Papageienarten gerechnet. Im Freiland hat man bei ihnen dagegen bislang sieben verschiedene Naturlaute nachgewiesen.

ber zu trennen. Abgesehen von bioakustischen Untersuchungen an Wellensittichen und an Rosenköpfchen liegt nach Kenntnis des Verfassers nur für wenige weitere Arten eine genauere Analyse ihrer Lautäußerungen vor. Dazu gehören zum Beispiel Untersuchungen an Elfenbeinsittichen (Lautäußerungen aus acht Funktionskreisen), an Tovisittichen (etwa zehn verschiedene Vokalisations-Formen), Mönchsittichen (Freilanduntersuchungen, bei der elf verschiedene Lautäußerungen festgestellt wurden), Springsittichen (mindestens acht Laute), Rosakakadus (etwa elf verschiedene Freilandlaute), Pennantsittichen und Rosellasittichen (jeweils mehr als 20 verschiedene Vokalisationsformen) und Braunkopfpapageien (mindestens sieben Laute im Freiland). Bei einigen Arten kennt man mittlerweile auch eine Art Gesang, der (nur?) während der Reproduktionsphase auftritt. So äußern die Weibchen des Großen Vasapapageien während des Partnerfütterns einen Gesang, um verschiedene Männchen anzulocken und von ihnen gefüttert zu werden, wogegen weibliche Kakas „Jodel"gesänge erklingen lassen. Untersuchungen an Wellensittichen in Menschenobhut ergaben darüber hinaus, dass die Männchen während der Balzzeit einen Trillergesang ertönen lassen. Diese Lautäußerungen sind unmittelbar mit der Spermabildung beim Männchen und der Ovarienaktivität beim Weibchen korreliert und damit integraler Bestandteil des Fortpflanzungsverhaltens der Art.
Weiterhin wurden bei sieben Arten und Unterarten der Lori-Gattung *Trichoglossus* Gemeinschaftsrituale festgestellt, die im Allgemeinen von Partnern monogamer Paare ausgeübt werden. Diese ritualisierten Verhaltensformen umfassten eine Kombination optischer und stimmlicher Signale, die die Tiere bei Wiedervereinigung, nach Störungen und bei der Auseinandersetzung mit anderen Individuen und Paaren hervorbrachten. Dabei kamen Lautäußerungen vor – teilweise als abwechselnde, schnelle Aufeinanderfolge der Laute beider Geschlechter –, die vielfach eine ähnliche Funktion wie das „Triumph-

Individuelles Erkennen und Duettieren

Inzwischen weiß man, dass Papageien sich hauptsächlich über optische und akustische Merkmale miteinander verständigen und individuell erkennen. Dabei spielt zum einen das hochentwickelte Farbsehen (besonders auch im UV-Bereich), mit dem auch kleinste Farbdetails und -unterschiede für die Vögel erkennbar sind, eine Rolle. Dass darüber hinaus aber auch der akustischen Kommunikation eine besondere Bedeutung bei der individuellen Erkennung zukommt, haben Untersuchungen unter anderem an Weißohr-Rabenkakadus, Rosakakadus, Puerto-Rico-Amazonen, Blaustirnamazonen, Augenring-Sperlingspapageien ergeben.
Eine besondere Form der Kommunikation stellt das Duettieren dar. Es kommt offenbar bevorzugt bei verpaarten Vögeln vor und ist zum Beispiel bei der Gelbnackenamazone, beim Kongopapagei und beim Tovisittich recht gut erforscht. Der Form nach handelt es sich dabei um antiphonisches Singen, wobei der eine Partner nur einen „Strophenteil" vorträgt, woraufhin der zweite dann die Fortsetzung folgen lässt. In den Worten des Tierpsychologen Heini Hediger: „Die erste Strophenhälfte hat den Charakter eines Eigennamens, das heißt eines individuellen Ausrufenamens" – und wird vom Gegenüber entsprechend individuell „beantwortet". Die Tiere rufen sich gewissermaßen beim Namen (Hediger 1984).

geschrei" und das „Duettieren" bei anderen Vogelarten haben. Aus der Art der Laute und ihrer „Wirkung" im innerartlichen Verständigungsprozess ließen sich Schlüsse auf die stammesgeschichtliche Verwandtschaft innerhalb der Lori-Gattung *Trichoglossus* ziehen.
Da die objektive Beschreibung von Tierlauten meist relativ schwierig ist (es gab sogar Versuche, die Papageienlaute in Noten umzusetzen), bedient man sich seit geraumer Zeit sogenannter Sonagramme zur grafischen Darstellung von Vogellauten. Als Beispiel sollen hier drei Sonagramme von Lori-Lauten erwähnt werden, an denen die Verschachtelung der Lautäußerungen beider Geschlechter innerhalb eines Zeitraumes von wenigen Sekunden deutlich wird. Diese schnelle Aufeinanderfolge der Laute beider Geschlechter setzt ein hohes Maß an Verhaltenssynchronisation voraus.

Unter den mechanisch erzeugten Lauten ist vermutlich jedem Papageienhalter das knarrende Geräusch, das beim Gegeneinanderreiben von Ober- und Unterschnabel der Papageien entsteht, bekannt. Es dient – durch Abreiben des Unterschnabelhorns an den Feilkerben im Oberschnabel – der

Kongopapageien gehören zu den wenigen Arten, bei denen bislang – allerdings stimmlich wenig harmonische – Duettgesänge zwischen den Paarpartnern nachgewiesen wurden.

Abnutzung und Schärfung des stets nachwachsenden Schnabelhorns. Diese Geräusche wirken darüber hinaus aber stimmungsübertragend auf Artgenossen und signalisieren – da das Schnabelreiben fast ausschließlich in Ruhephasen auftritt – den Artgenossen ein entspanntes Umfeld. Das Schnabelklappern der Papageien, wie man es zum Beispiel von Goffin-, Gelbwangen- und Rotsteißkakadus sowie einigen anderen Arten kennt, gehört offenbar zum Beschwichtigungsverhalten und kommt zum Beispiel bei der Brutablösung im Nest vor. Es dient darüber hinaus vermutlich auch der Begründung und Festigung des Paarbundes. Zu den mechanisch erzeugten Lauten zählt auch das Klopfen mit dem Schnabel auf eine – meist hölzerne – Unterlage, das manche Papageien während der Balz ertönen lassen (siehe auch das Klopfen des Palmkakadus mit einem Hilfsmittel im Abschnitt Werkzeuggebrauch). Man kennt es zum Beispiel von verschiedenen Neuweltpapageien. Recht gut bekannt in dieser Hinsicht ist vor allem das Verhalten der Blaustirnamazone, die neben dem Klopfen noch eine weitere Verhaltensweise entwickelt hat, bei der Geräusche entstehen. Sie ist vor allem bei Männchen oder zumindest bei dominanten Vögeln zu beobachten. Während des Imponierens schreitet der Vogel kraftvoll mit gespreiztem Nackengefieder und gefächertem Schwanz – gut sichtbar für Rivalen und weibliche Artgenossen – auf einem Ast auf und ab, putzt sich gelegentlich

Alarmrufe als Sicherungssystem der Kakadus

Besonders von Großen Gelbhauben- und Banks-Rabenkakadus wissen wir, dass sie über ein einzigartiges Wächtersystem verfügen. Bei der Nahrungssuche, die häufig auf dem Boden stattfindet, postieren sich stets einige Tiere als Wächter an exponierter Stelle, beobachten aufmerksam die Umgebung und warnen ihre fressenden Artgenossen mit durchdringenden Alarmrufen, wenn sich Beutegreifer nähern. Rosakakadus verfügen nicht über ein solches Wächtersystem, sie profitieren aber vom System der Gelbhaubenkakadus, indem sie in gemeinsamen Schwärmen mit ihnen auf Nahrungssuche gehen und dann die Alarmrufe der Vögel ebenfalls richtig „verstehen".
Nacktaugenkakadus, die im australischen Offenland leben, wo kaum erhöhte Sitzwarten vorhanden sind, habe eine spezielle Strategie zur Feindvermeidung entwickelt: Bei ihnen fliegen immer einige Vögel aus dem Schwarm auf, verschaffen sich so einen Überblick über die Umgebung und warnen ihre Artgenossen bei potenziellen Gefahren (Diefenbach 1982, Forshaw 2002).
Soziobiologen betrachten dieses Wächtersystem als ein Musterbeispiel für kooperatives Verhalten unter Papageien.

ruckartig (als vermutliches Übersprungverhalten) und spleißt unter Einsatz des kräftigen Schnabels mit knarrenden Geräuschen Holzspäne von der Unterlage ab. Hierbei handelt es sich vermutlich um eine Ersatzhandlung, bei der die eigentlich auf den Rivalen gerichtete Aggression auf einen anderen, toten Gegenstand umgeleitet wird. Das In-den-Ast-Beißen als Element des agonistischen Verhaltens ist auch für den Elfenbeinsittich beschrieben. Als letztes Beispiel sei schließlich noch das unter den Papageien einzigartige Balzsystem der Eulenpapageien genannt. Männchen und Weibchen leben solitär und kommen nur alle drei bis vier Jahre über eine eigenartige nächtliche Rufbalz der Männchen zusammen. Das Männchen errichtet zu diesem Zweck mehrere runde Balzarenen („bowls") auf erhöhter Warte oder vor Baumstümpfen und nutzt diese als Schalltrichter für seine auffälligen Balzlaute, die oft mehr als einen Kilometer weit zu hören sind. Die Laute werden über die aufblähbaren Luftsäcke der Männchen erzeugt. Die Weibchen finden über bis zu 60 Meter lange Wege („tracks"), die das Männchen vorher angelegt hat, zu einem der Balzplätze. Dort erfolgt die kurze Begattung, in deren Anschluss die Partner wieder getrennte Wege gehen und das Weibchen allein mit der Eiablage, Brut und Jungenaufzucht beschäftigt ist.

Das optische Ausdrucksverhalten

Neben den beschriebenen akustischen Signalen kommt bei Papageien dem optischen Ausdrucksverhalten die größte Bedeutung bei der Verständigung mit Artgenossen und auch in der zwischenartlichen Kommunikation zu. Die vielfach kräftig gefärbten Papageien mit ihren hervorstechenden Farbabzeichen, zum Beispiel im Bereich von Flügelbug und Schwanzgefieder, lassen dies – selbst bei oberflächlicher Betrachtung – schon vermuten. Nach einer Einteilung des Tierpsychologen Heini Hediger soll der Bereich des optischen Ausdrucksverhaltens in **mimisches und gestisches Ausdrucksverhalten** unterteilt werden. Am Rande wird darüber hinaus von Farbwechselphänomenen die Rede sein. Unter mimischen Ausdruckserscheinungen werden nach Hediger „charakteristische Veränderungen im Gesicht, die sich sozusagen auf der festen Architektur (Physiognomie) des Gesichts abspielen" verstanden. Dazu wollen wir an dieser Stelle – vielleicht nicht ganz im engeren Sinne der Definition, aber dennoch den Kopfbereich betreffend – zunächst die Ausbildung einer Federhaube (verlängerte Scheitelfedern) bei den Kakadus Australiens und Indonesiens sowie beim Nymphensittich betrachten. Auch der neukaledonische Hornsittich gehört in die Gruppe der Papageien mit verlängerten Scheitelfedern. Die Haube kann – je nach Affektlage – mehr oder weniger aufgerichtet werden oder auch fast vollständig im Gefieder verschwinden.

Die Haubenstellung der Kakadus – hier im Bild ein männlicher Gelbwangenkakadu mit maximal aufgerichteter Federhaube – ist für Artgenossen ein Indikator für die jeweilige Stimmungslage des Vogels.

Bemerkenswert ist die Geschwindigkeit, mit der Sittiche und Kakadus ihre Scheitelfedern als optisches Signal aufstellen können. In unbekannten Situationen und Zweifelsfällen, in denen ein Tier zwischen Aggression (aufgestellt, manchmal nach vorn überzogene Haube) und Rückzug (angelegte Haube) schwankt, lässt sich die Ambivalenz der Affektlage sehr gut dadurch beobachten, dass die Haube mehrfach ruckartig aufgestellt und ebenso schnell wieder im Gefieder verborgen wird. Dem Papageienhalter kann die Federhaube der Kakadus als „Stimmungsbarometer" dienen, an dem er die Erregungszustände seiner Tiere (etwa bei der Balz, beim Imponieren, bei aggressiven Stimmungen, aber auch bei Furcht, beim Erkunden von Neuem) ablesen kann.

Neben Kakaduarten mit nur wenig verlängerten Scheitelfedern oder farblich unauffälligen Federhauben (zum Beispiel Goffin-, Nacktaugen-, Rotsteiß- und Weißhaubenkakadu), gibt es Arten, deren Hauben insbesondere durch Form und Färbung einen ausgeprägten **Signalcharakter** haben. Zu diesen gehören der Gelbhauben-, der Gelbwangen- sowie der Molukkenkakadu mit seinen lachsroten hinteren Haubenfedern. Die farbintensivsten Hauben weisen zweifellos der indonesische Orangehaubenkakadu mit dunkel goldgelb gefärbter Haube sowie der Inkakakadu auf, dessen Haube von leuchtenden roten und gelben Farbbändern durchwoben ist. Wegen ihrer Größe und Beschaffenheit besonders eindrucksvoll ist die dunkle Federhaube des Palmkakadus.

Über eine ähnliche Möglichkeit zum Ausdrücken der Affektlage verfügen neben den Kakadus noch mehrere andere Papageienarten, indem sie ihr Nackengefieder mehr oder weniger stark abspreizen und dadurch insgesamt größer und wuchtiger wirken. Zum Teil können sie auch die farbigen Federsäume der Nackenfedern optisch zur Geltung bringen. Die höchste Ausprägung dieser Fähigkeit finden wir bei den neuweltlichen Großpapageien, insbesondere beim brasilianischen Fächerpapagei, dessen leicht verlängerte Kragenfedern ziegelrot (mit hellblauen Säumen) gefärbt sind. Auch manche Amazonenarten Süd- und Mittelamerikas (zum Beispiel Müller-, Venezuela- und Taubenhalsamazonen) verfügen in begrenztem Umfang über die Möglichkeit der Kragenbildung, während auch alle anderen Papageien zumindest in der Lage sind, ihr Nackengefieder etwas zu spreizen und dadurch eine optische Vergrößerung ihres Körpers im Balz- und Imponierverhalten erzielen.

Die Ausdrucksverhaltenweisen, die mit der Balz, dem Drohen, der Abwehr und Flucht in Zusammenhang stehen werden in den folgenden Kapiteln ausführlich beschrieben.

In diesen Bereich der Ausdruckserscheinungen, die durch unterschiedliche Federstellungen zustandekommen, gehört auch das **Schnabelverstecken,** das in besonderer Ausprägung bei Rosa-, Gelbhauben-

Das Abstellen der Nackenfedern zu einem Kragen ist Teil des Droh- und Imponierverhaltens der Amazonenpapageien. Eine besondere Ausprägung erreicht dieses Verhalten bei der Venezuela-Amazone.

Das Verbergen des Schnabels – hier beim Rosakakadu – ist zum einen in bestimmten Situationen als Beschwichtigungsgeste aufzufassen, dient in Bereich des Komfortverhaltens aber auch der Thermoregulation der Schnabelpartien.

und Gelbwangenkakadus sowie den Rabenkakadus zu beobachten ist. In Ruhestellung kommt es offenbar regelmäßig vor, dass die Tiere ihre vorderen Wangenfedern derart abspreizen, dass sie sich aufrichten und den Unterschnabel vollständig und dazu einen Teil des Oberschnabels verdecken. Beim Schlafen verdrehen die meisten Papageien ihren Kopf um etwa 180 Grad und verbergen zumindest den Schnabel bis zur Wurzel (Wachshaut) im Rückengefieder. Beide Erscheinungen signalisieren den Artgenossen wiederum ein spannungsfreies Umfeld. Ein solcher Vogel zeigt keinerlei aggressive Tendenzen und unterstreicht dies noch, indem er seine stärkste „Waffe", den kräftigen Schnabel, optisch so weit wie möglich zum Verschwinden bringt. Zum anderen kann dieses Verhalten – unabhängig von der innerartlichen Kommunikation – auch der Thermoregulation der Schnabelpartien dienen.

Eine vergleichbare Erscheinung wurde beim Hyazinthara beobachtet. Den ansonsten kobaltblauen Vogel kennzeichnet eine gelborange gefärbte, unbefiederte Hautpartie, die den Unterschnabelrand umspannt. Die Breite dieser vor allem für rivalisierende Artgenossen gut sichtbaren Hautpartie ist variabel. In Ruhestellung plustert der Vogel sein Gefieder für gewöhnlich so auf, dass der sonst deutlich hervortretende Hautabschnitt vollständig in den Kinn- und Wangenfedern verschwindet. Normalerweise ist dieser Teil bei geschlossenem Schnabel maximal 10 bis 12 mm breit. Bei geöffnetem Schnabel dagegen tritt die dehnbare Schnabelwurzelhaut deutlich hervor und erreicht etwa das drei- bis vierfache Ausmaß ihrer ursprünglich sichtbaren Größe. Ein derartiger, ruckartig ausgefahrener „Farbtupfer", der in auffälligem Gegensatz zum blauen Farbton des Aragefieders steht, löst bei Artgenossen aufgrund seiner Signalwirkung verschiedene Reaktionen aus. Je nach Ausmaß des Schnabelöffnens werden die hervortretenden Hautpartien unterschiedlich lang und deutlich präsentiert und dienen möglicherweise als Indikator für die bestehende oder neu festzulegende Rangordnung. Die Präsentation der mandibularen Wurzelhaut bringt wohl auch stets eine gegenseitige Beißhemmung der Beteilig-

ten mit sich, die angesichts des gewaltigen Schnabels dieser größten rezenten Papageienart zur arterhaltenden Notwendigkeit wird.
Eine charakteristische Ausdrucksform vieler Papageien ist das **Verengen der Pupillen,** das auf den ersten Blick einem feurigen Augenfunkeln ähnelt. Es kommt primär bei Männchen, bei dominanten Tieren und vor allem bei helläugigen Arten vor und signalisiert Erregung während des Imponierverhaltens und während der Balz. Artgenossen (und auch der Pfleger) können an der Intensität des Auftretens dieser Erscheinung die Affektlage des Vogels einschätzen. Bei Wellensittichen ist dieser Vorgang regelmäßig zu beobachten, wenn ein Männchen um ein Weibchen balzt. Auch bei den sogenannten Großsittichen und Loris kommt es im Balz- und Imponierverhalten vor.
Unter den Großpapageien besonders ausgeprägt ist dieser Vorgang bei Amazonen, Aras und Graupapageien (Arten mit heller Iris), während er bei den Kakadus offenbar nicht vorkommt. Das mag zum einen damit zusammenhängen, dass Kakadus – wie beschrieben – durch ihre Haubenstellung und -färbung über ein anderes hervorragendes mimisches Ausdrucksmittel verfügen (das den übrigen Papageienarten fehlt). Zum anderen tragen die meisten Arten dunkle Iriden (bei den Arten, bei denen sich die Geschlechter im Gefieder nicht unterschieden, haben Männchen eine schwarze, Weibchen eine braune oder braunrote Iris; Ausnahme ist der Nacktaugenkakadu, bei dem Männchen und Weibchen eine schwarze Iris tragen). Hier könnte eine Pupillenverengung vom Artgenossen kaum wahrgenommen werden. Amazonenpapageien, Aras und andere gefiedermonomorphe Arten mussten aufgrund völlig identischer Gefiederfärbungen in beiden Geschlechtern bestimmte Verhaltensformen entwickeln, um einander als Männchen oder Weibchen erkennen zu können. Neben einem intensiveren Balzverhalten gehört die häufigere und ausgeprägtere Verengung der Pupillen zu diesen Erkennungszeichen des männlichen Geschlechts des dominanten Tieres.

Eine letzte Bewegungsweise, die im Zusammenhang mit den mimischen Ausdruckserscheinungen erwähnt werden soll, ist das **Gähnen.** Es gehört sicherlich primär in den Bereich des Komfortverhaltens, tritt oft in Zusammenhang mit Streck- und Kratzbewegungen auf und dient vor allem der Verbesserung der Sauerstoffzufuhr. Daneben kommt dem Gähnen vermutlich aber auch Ausdruckscharakter zu (wie das Drohgähnen der Primaten), wie zum Beispiel seine schnelle Übertragung auf Artgenossen beweist. Leider liegen in der Literatur aber keine näheren Deutungsversuche dieses Verhaltens vor.

Unter **gestischen Ausdruckserscheinungen** sollen im Sinne Hedigers vor allem Ausdrucksbewegungen im Gebiet außerhalb des Gesichts, also des Rumpfes, der Extremitäten und des Schwanzes verstanden werden. Im Wesentlichen sind dies die agonistischen, also die aggressiven Ver-

Gähnen wie bei diesem Fächerpapagei kann Teil des Komfortverhaltens sein, aber auch Ausdruckscharakter (wie etwa beim Drohgähnen der Primaten) haben.

haltensweisen die Demutsverhaltensformen, sowie Signale während der Balz. Die unterschiedlichen Ausprägungen und Abläufe dieser Bewegungsformen werden in den nächsten beiden Abschnitten behandelt, sodass sich eine genauere Beschreibung an dieser Stelle erübrigt.

Als letzte Kategorie innerhalb der optischen Ausdruckserscheinungen sollen schließlich noch die **Farbwechselphänomene** beschrieben werden. Man kennt zum einen das Erröten oder Erblassen bei Arten, die größere unbefiederte Körperpartien aufweisen. Eine spontane Rotfärbung der unbefiederten Wangenhaut in Erregungszuständen kennen wir von den meisten Arten der Gattung Ara. Besonders ausführlich beschrieben wurden sie für den Gelbbrustara und den Großen Soldatenara. Auch beim indonesischen Palmkakadu verfärbt sich – je nach Affektlage – diese Hautpartie von Rosa zu intensivem Rot (eine sehr blasse Wangenhaut signalisiert dem Halter aber unter Umständen auch gesundheitliche Probleme des Vogels!).

Das Verblassen der normalerweise goldgelb gefärbten mandibularen Wurzelhaut und der Augenumgebung wurde bei brutlustigen Hyazintharas im Vogelpark Walsrode beobachtet. Die goldgelbe Hautfärbung verwandelte sich beim Weibchen in ein blasses Weißgelb, währenddessen die gelben Farbpartien des Männchens unverändert blieben. Es ist anzunehmen, dass es sich dabei um ein zur

Je nach Affektlage verfärbt sich bei Aras und beim Palmkakadu (hier im Bild) die unbefiederte Wangenhaut von Rosa bis Dunkelrot und bekommt damit Ausdruckscharakter.

Brutzeit auftretendes geschlechtsspezifisches Merkmal handelt und dass die normalerweise weithin erkennbare gelbe, federlose Hautpartie während der Reproduktionsphase jegliche Signalwirkung verliert und den Vogel durch vorübergehende Verblassung der Farben tarnt. Wenn die leuchtenden Abzeichen fehlen, ist der Vogel für Nesträuber nicht so leicht zu entdecken. Auf größere Entfernung wirkt der ganze Papagei dann schwarz, weswegen er von den Eingeborenen auch „Arara preta“ (schwarzer Papagei) genannt wird. Dieser Tarnprozess bietet sich besonders an, da die Araweibchen nicht ausschließlich in gut gesicherten, rundum geschlossenen Baumhöhlungen, sondern auch in offenen Felsnischen brüten. Diese Felsnischen sind meist für Nesträuber – etwa Kleinsäuger und Reptilien – leichter zugänglich. Auch die dort schlüpfenden Jungen haben in den ersten Lebensmonaten blass weißlich gelb gefärbte unbefiederte Hautpartien, wie man im Brookfield-Zoo, Chicago (USA), an dort geschlüpften Jungvögeln nachweisen konnte. Sie gleichen damit dem brütenden Weibchen.

Auf der anderen Seite ist mindestens ein Fall bekannt, bei dem Papageien zu gewissen Zeiten die Schnabelfarbe und die Farbe der Kopfhaut wechseln. Gemeint ist der madagassische Große Vasapapagei, eine Art, bei der sich mit Eintritt der Brutzeit der ansonsten dunkelgraue Schnabel in ein helles Gelb umfärbt. Gleichzeitig verliert das Weibchen (unter Umständen auch das Männchen) alle Federn im Stirn-, Scheitel- und Nackenbereich und die

Mit Beginn der Brutzeit verliert der madagassische Große Vasapapagei einen Großteil seines Kopfgefieders. Die Kopfhaut darunter verfärbt sich dann gelb – die Bedeutung ist noch unklar.

Kopfhaut verfärbt sich intensiv gelb, sodass die farblich sonst so unscheinbaren Vögel ein völlig verändertes Aussehen bekommen. Die Bedeutung dieser Erscheinung ist bislang unbekannt.

Die Verständigung zwischen den Arten

Während von der innerartlichen Verständigung bei Papageien in den nächsten beiden Kapiteln ausführlich die Rede sein wird, soll an dieser Stelle noch auf die zwischenartliche Kommunikation, die Verständigung zwischen Papageien unterschiedlicher Arten, näher eingegangen werden. Allgemein lässt sich sagen, dass viele Papageienarten über relativ einheitliche Verhaltensmuster verfügen, die ihnen

Viele Papageien – auch ganz unterschiedlicher Arten – haben eine gemeinsame Verhaltens- und Kommunikationsbasis. Was bei den nah verwandten Soldaten- und Gelbbrustaras noch plausibel erscheint, funktioniert oft aber auch bei verwandtschaftlich ferner stehenden Arten wie Graupapageien, Amazonen und Kakadus.

weitreichende Möglichkeiten zu Verständigung mit anderen Arten bieten. Im Freiland macht eine solche Kommunikationsbasis insofern Sinn, als viele Arten zumindest zeitweise in gemischten Gruppen oder Schwärmen auf Nahrungssuche gehen und hier und dort die eine vom Verhalten einer anderen Art profitiert, zum Beispiel beim Anzeigen und Erschließen ergiebiger Nahrungsquellen oder bei der Warnung vor Beutegreifern.

Auch bei der Haltung in Menschenobhut zeigt sich diese gemeinsame Kommunikationsbasis gelegentlich. So geschieht es beispielsweise in zoologischen Gärten, wo Papageien vielfach in Gemeinschaftsvolieren oder Gemeinschaftsfreianlagen leben, regelmäßig, dass sich Papageien unterschiedlicher Arten und Größen – meist mangels artgleicher Partner – zusammenfinden und Paarbindungen eingehen. Die Intensität solcher Bindungen reicht vom Kontaktsitzen und der gelegentlich betriebenen sozialen Gefiederpflege bis hin zu Kopulationen und erfolgreichen (Mischlings)Jungenaufzuchten. Wenn auch solche Mischlingsaufzuchten meist nur zwischen nahe verwandten Arten mit weitgehend übereinstimmenden Verhaltensmustern zustande kommen, so gibt es doch gelegentlich ganz ungewöhnliche Fälle, die selbst die Fachwelt in Erstaunen versetzen.

So kam es beispielsweise 1984 im Zoologischen Garten Duisburg zu einer Verpaarung eines weiblichen Rotrückenaras mit

einem männlichen Grünzügelpapagei, aus der drei gesunde Jungvögel hervorgingen, die in der Statur eher dem Araweibchen glichen und in der Färbung eher eine intermediäre Stellung einnahmen.
Weiterhin erwähnenswert ist die reibungslose Aufzucht einer jungen Gelbwangenamazone durch ein einzeln gehaltenes, regelmäßig Eier legendes Graupapageienweibchen. In der Anlage des Verfassers lebte zeitweise ein aus Privathand übernommenes Mischpaar aus Goldbugpapagei und Mönchsittich, die in vielen Einzelheiten ihres Verhaltens aufeinander abgestimmt waren. Selbst eine dem Verfasser bekannte Verbindung eines Rotlori-Weibchens mit einem männlichen Wellensittich führte zu bestimmten Formen der zwischenartlichen Kommunikation, die ihren Ausdruck in Kontaktsitzen und sozialer Gefiederpflege – meistens vom Wellensittich ausgehend – fand. Solche Beispiele zeigen, dass selbst zwischen verwandtschaftlich ferner stehenden Arten die ererbte Übereinstimmung der Verhaltensmuster groß genug ist, um – in Verbindung mit erlernten Verhaltensweisen – eine gemeinsame Kommunikationsbasis zu schaffen.
Für den Halter von Stubenpapageien bedeutet dies, dass zum Beispiel ein ohne Artgenosse gehaltener Graupapagei sich durchaus bei einer Amazone (beliebiger Art) „verständlich“ machen kann. Wenn Ersterer die Amazone leicht in die Seite stupst und ihr anschließend den Hinterkopf zuwendet, wird die Amazone dies zweifellos als Aufforderung zur sozialen Gefiederpflege verstehen und sich in dieser Hinsicht bei ihrem Gegenüber betätigen. Ebenso wird jeder Kakadu das maximal gefächerte, bunt gefärbte Schwanzgefieder einer Amazone als Ausdruck höchster Erregung oder Aggression empfinden und entsprechend zurückhaltend reagieren oder mit eigenen agonistischen Verhaltensweisen „beantworten“.
Diese Beispiele ließen sich problemlos fortsetzen, denn die unterschiedlichen Erscheinungsformen zwischenartlicher Papageienbeziehungen bei der Haltung in Menschenobhut sind vielfältig. Trotzdem sind alle diese scheinbar harmonischen Beziehungen zwischen Papageien unterschiedlicher Arten nichts weiter als Ersatzhandlungen („Ersatzbefriedigungen“), denen sich die Vögel aufgrund ihrer großen Verhaltensflexibilität mangels artgleicher Partner hingeben können. Allerdings ist kaum einzusehen, warum – insbesondere mit Blick auf das immense Angebot an Papageien im Tierhandel – nach wie vor Vögel unterschiedlicher Arten gekauft und dann oft unter Schwierigkeiten aneinander gewöhnt und „zwangsverpaart“ werden, statt von vornherein verschiedenengeschlechtliche Vögel derselben Art zusammenzubringen.
In selteneren Fällen und insbesondere bei verwandtschaftlich ferner stehenden Arten (mit zum Teil erheblichen Körpergrößenunterschieden) kann es dagegen zu „Kommunikationsschwierigkeiten“ zwischen einzelnen Vögeln kommen. Dann kann es geschehen, dass zum Beispiel Drohgesten, die zum Teil hochritualisiert sind und im

innerartlichen Bereich Beschädigungskämpfe weitgehend unterbinden, „missverstanden“ werden und unter Umständen ernste Beißereien auslösen (gelegentlich auch mit Todesfolge für den körperlich Unterlegenen).

Einen solchen Fall musste der Verfasser einmal aus nächster Nähe in einer Voliere mit ansehen. Es hatte sich ein Mohrenkopfpapageien-Männchen beim Füttern unbemerkt von seiner Voliere in die Nachbarvoliere, die mit Gelbwangenamazonen besetzt war, gezwängt. Das Amazonenmännchen stürzte sich – ohne einleitendes Drohverhalten – mit geöffnetem Schnabel unmittelbar auf den kleineren Mohrenkopfpapagei. Dieser wich wie spielerisch mehrmals fliegend und flatternd aus, um im nächsten Moment wieder in unmittelbarer Nähe der Amazone zu landen. Nach einigem Hin und Her – noch ehe ein Eingreifen möglich war – gelang es der Gelbwangenamazone, dem Mohrenkopfpapagei einen gezielten Nackenbiss beizubringen, worauf dieser zu Boden fiel und innerhalb weniger Sekunden starb.

Umgekehrt konnte vor einigen Jahren beobachtet werden, dass ein Mohrenkopfpapagei eine Venezuela-Amazone, mit der er in einer relativ kleinen Voliere zusammenlebte, vollständig „beherrschte“. Seine „Waffen“ waren gesträubte Nackenfedern und die Verengung der Pupillen, mit deren Hilfe er sich der körperlich überlegenen Amazone gegenüber die dominante Position sicherte.

Das Drohverhalten wird häufig, wie bei diesem Kongopapagei, von unüberhörbaren Lautäußerungen und einer Zuschaustellung des gesamten Körpers durch Abstellen der Flügel-, Nacken- und Rückenfedern sowie Fächern des Schwanzgefieders unterstrichen.

Agonistisches Verhalten

Agonistisches Verhalten umfasst alle Droh-, Angriffs-, Beschwichtigungs- und Fluchtverhaltensweisen, die im Verhaltensrepertoire einer Papageienart vorkommen und in der inner- oder zwischenartlichen Kommunikation eine (überlebens)wichtige Rolle spielen.

Die Mehrzahl der Papageien lebt in kleinen und mittelgroßen Verbänden oder auch in kopfstarken Schwärmen zusammen. Dabei sind soziale Auseinandersetzungen zwischen einzelnen Gruppenmitgliedern zwar an der Tagesordnung, doch wäre es biologisch nicht sinnvoll, wenn diese Streitereien allzu viel Zeit in Anspruch nähmen und die einzelnen Tiere zu dauernder Kampf-Abwehrbereitschaft gezwungen wären. Zudem würden – angesichts des gewaltigen Schnabels mancher Papageienarten – dauernde Ernstkämpfe zwangsläufig mit enormen Verlusten einhergehen und somit früher oder später eine Population erheblich schwächen.

Bei Tierarten mit derart wehrhaften „Waffen" sind daher stark ritualisierte agonistische Verhaltensmuster zu erwarten. Und so haben sich in der Tat die Angriffsverhaltensweisen der meisten Papageienarten im Laufe der Stammesgeschichte so weit in eine Art Intentionsbewegung, in ein Aggressivität anzeigendes Drohverhalten verwandelt, dass Beschädigungskämpfe nur noch relativ selten vorkommen. Auch das Festlegen einer Rangordnung bei manchen Arten dient dem Zweck, die innerartliche Aggression so weit wie möglich zu reduzieren. Umgekehrt haben die weniger aggressiven Vögel in den rangtieferen Positionen sogenannte Demuts- und Beschwichtigungsverhaltensweisen entwickelt, mit deren Hilfe aggressive Artgenossen in ihrer Streitlust gedämpft und bei Angriffen gehemmt werden.

Droh-, Angriffs-, Beschwichtigungs- und Fluchtverhaltensweisen treten verstärkt während der Balz- und Brutzeit sowie in der Zeit der Jungenaufzucht auf. Die Balzzeit ist zwangsläufig von häufigen innerartlichen Auseinandersetzungen geprägt, bei denen entschieden wird, welche Tiere in der bevorstehenden Brutzeit zur Fortpflanzung gelangen und welche nicht. Hier spielen aggressive Verhaltensweisen und ein ausgeprägtes Imponierverhalten eine wichtige Rolle.

Wie in anderen Bereichen des Tierreiches – dies gilt vor allem für bislang unverpaarte Tiere – sind die größten, farblich schönsten, stärksten und stimmgewaltigsten Männchen in der Regel die erfolgreichsten bei der Werbung um ein Weibchen. Aber auch wenn die Paare sich gefunden haben, sind soziale Auseinandersetzungen biologisch sinnvoll. Dann ist es notwendig, eine Bruthöhle zu besetzen, oft erst zu erobern und anschließend Weibchen, Gelege und Jungvögel sowohl vor Beutegreifern als auch vor rivalisierenden Artgenossen zu verteidigen. Kampf- und Fluchttendenz stehen in einer steten Wechselwirkung. Die Papageien schwanken dabei in manchen Fällen zwischen Angriff und Rückzug und es kommt nicht selten zu scheinbar sinnlosen Ersatzhandlungen (Übersprungbewegungen). Die Kommunikationsmittel, die agonistisches Verhalten signalisieren, wurden zum Teil bereits im vorangegangenen Abschnitt beschrieben. An dieser Stelle soll es eher um die Zuordnung und Bewertung der bereits genannten Verhaltensformen (einschließlich diverser Ergänzungen) gehen. Dabei erfolgt eine – rein formale – Einteilung in aggressives Drohen, Angriff, Abwehr und Beschwichtigung im innerartlichen Konflikt.

Imponierverhalten der Kubaamazone – man sieht das maximale Fächern des Schwanzgefieders.

Aggressives Drohen und Angriff

Als Ausdrucksbewegung mit der geringsten Angriffsintention wird gemeinhin das Imponieren während der Balz angesehen, das ausführlich weiter unten beschrieben ist. Den Verhaltensweisen beim Imponieren sehr ähnlich (oft identisch) ist eine schwache Form des **Drohens.** Im Abspreizen des Gefieders, Abstellen des Flügelbugs und Fächern des oft farbenprächtigen Schwanzgefieders finden wir Verhaltensweisen vor, die fast ausschließlich auf das Sichtbarmachen optischer Merkmale (Signale) und die optische Vergrößerung des Körpers abzielen (zum Beispiel gelbe und rote Flügelbugfärbung bei Amazonenpapageien, verlängerte, prächtig gefärbte Nackenfedern des Fächerpapageis, auffällige Haubenfärbung bei Nymphensittichen und manchen Kakadus, farblich auffälliges Schwanzgefieder bei Amazonenpapageien, Unzertrennlichen und so weiter). Drohverhaltensweisen müssen nicht immer Artgenossen zum Ziel haben und sind nicht unbedingt mit Körperkontakt verbunden. Auf Distanz, aber schon deutlich direkt gegen einen oder mehrere andere Vögel gerichtet, sind das **Schnabelöffnen,** das **Frontaldrohen,** das **Drohgähnen,** das **Anblicken** oder **Fixieren** (Verhaltensweisen, die primär für einige Neuweltpapageien und den Kea beschrieben werden) sowie das **„Verbeugen“** der Kakadus, das der Ornithologe Ian Rowley als „heraldic display“ beschrieben hat.

Schnabelöffnen ist gewissermaßen als Vorstufe des Schnabelgefechts anzusehen.

Imponierverhalten

Imponierverhalten wurde vermutlich erstmals von dem deutschen Ornithologen Oskar Heinroth (1871 bis 1945) für verschiedene Vogelarten genauer beschrieben und zunächst unter dem Begriff „Imponiergehabe“ in die Verhaltensforschung eingeführt. Beim Imponieren stellen Tiere ihre Körpergröße, ihre „Waffen“ und ihre besonders farbenprächtig oder „warnend“ ausgebildeten Körper- oder Gefiederpartien zur Schau. Papageien präsentieren sich durch Abstellen der Körperfedern, besonders im Hauben-, Kopf- und Nackenbereich, durch Abstellen der Flügelbuge und Fächern des Schwanzgefieders in größtmöglicher Körperfülle und begleiten diesen Vorgang vielfach noch durch „blinkendes“ Verengen der Pupillen und eindringliche Lautäußerungen – besonders gut bei Amazonen zu beobachten. Mit dieser ritualisierten Zurschaustellung von Größe, Farben und potenziellen Körperkräften werden zunächst Rivalen abgeschreckt. Sie schätzen das Risiko eines offenen Kampfes besser ein, haben die Möglichkeit, schadlos einem drohenden Konflikt auszuweichen und das Verletzungsrisiko (übrigens für beide Tiere) zu minimieren. Gleichzeitig hat dieses Zurschaustellen eine anziehende, werbende Wirkung auf mögliche Partnervögel, die daran die „Qualität“ ihres künftigen Geschlechtspartners, Versorgers und Verteidigers (von Territorium, Nisthöhle, Jungtieren) abschätzen können.

Es tritt (bei beiden Geschlechtern) bevorzugt auf, wenn ein Vogel die Individualdistanz eines anderen schnell und für den Bedrohten überraschend unterschreitet. Es ist für eine Vielzahl von Arten beschrieben, zum Beispiel Sperlingspapageien, Langflügel- und Amazonenpapageien.

Das **Frontaldrohen** (wahrscheinlich vergleichbar mit dem Drohgähnen der Keas und Tovisittiche) ist für Aras und Amazonenpapageien beschrieben. Beim Frontaldrohen werden die seitlichen Kopfgefiederpartien und die Federn der Stirn und des Scheitels gespreizt, die Flügelbuge abgewinkelt. Der drohende Vogel streckt seinem Gegner den gesenkten Kopf entgegen und verharrt unter Umständen längere Zeit in dieser Stellung.

Bei Graupapageien, Kongopapageien und Mohrenkopfpapageien konnte eine ähnliche Körperhaltung beim Frontaldrohen festgestellt werden, nur plustern diese Vögel ihr Körpergefieder (besonders das Rückengefieder) derart auf, dass sie dabei ein wenig wie ein rundlicher Federball wirken. Bei den genannten Arten ist das Kopfsenken beim Drohen möglicherweise im Laufe der Stammesgeschichte aus dem ruckartigen Vornüberbeugen mancher Kakadus beim Drohen hervorgegangen.

Das **Anblicken** als Drohverhaltensweise

Aufmerksam fixiert der linke Rotbugara vermutlich einen Artgenossen in der Nachbarvoliere – die schwächste Form des Drohens.

finden wir für den Großen Soldatenara und den Kea beschrieben, es kommt sicherlich aber auch bei vielen weiteren Arten vor. Ein Blick eines ranghohen Soldatenaras zu einem rangtieferen Gruppenmitglied hat die gleiche Wirkung wie die zuvor beschriebenen Drohverhaltensweisen. Bei den Keas gilt das Fixieren mit den Augen als ihre schwächste Form des Drohens. Das zuvor beschriebene Schnabelöffnen geht gelegentlich in ein Schnabelgefecht (Schnabelduell) über, bei dem der Schnabel des Angreifers gegen Kopf, Schulter und Schnabel des Gegners gerichtet wird. Dieser versucht seinerseits, die Hiebe mit seinem Schnabel abzufangen und seinen Platz zu behaupten. Aufgrund von Beobachtungen an Soldatenaras wird angenommen, dass sich das Schnabelduell aus dem Beiß(ernst)kampf entwickelt hat. Schnabelgefechte sind für viele Arten beschrieben, zum Beispiel für Unzertrennliche, Langflügelpapageien, Loris und viele Neuweltpapageien (Amazonen, Aras, Rotsteißpapageien). Das **Beißen** und **Hacken,** das man bei manchen Arten beobachten kann, ist als Relikt einer ursprünglichen Kampfform zu betrachten. Es ist jedoch meist durch eine Beißhemmung entschärft.

Eine Steigerung des Frontaldrohens finden wir im Angriff, der oft durch den **Angriffgang** („Aggressives Schreiten") eingeleitet wird. Mit aufgerichtetem Nackengefieder und gesenktem Kopf läuft der angreifende Vogel blitzschnell auf seinen Gegner zu und stößt mit meist geschlossenem Schnabel vor (beschrieben für Agaporniden, Langflügelpapageien, viele Neuweltpapageien – besonders Amazonen und Rotsteißpapageien – sowie für Keas und Schmalbindenloris).

Eine Aggressionsstufe höherer Intensität ist das **Schlagen** oder **Hacken,** bei dem der angreifende Vogel sich primär gegen den Kopf des Gegners wendet und häufig mit geschlossenem Schnabel zuhackt. Ein solches Verhalten kennen wir von Agaporniden, Sperlingspapageien, Blaustirnamazonen und auch Keas, die nach Beobachtungen im Zürcher Zoo ihre Angriffe auch gegen Zoobesucher richteten.
Das **Anfliegen,** das wir außer von den zu-

Hahnenkampf

Ein genauer protokollierter Hahnenkampf bei Schmalbindenloris ging folgendermaßen vonstatten: „Die beiden Partner fixieren sich, bis plötzlich einer im Angriffsgang auf den anderen lossteuert. Dann springen plötzlich beide Vögel mit aufgerichtetem Oberkörper aneinander hoch und schleudern gezielte Schnabelhiebe gegen Zehen und Flügelbug des Gegners. Die Flügel werden weit abgestellt, was aber nicht unbedingt eine Unterwürfigkeitsgebärde anzeigt, sondern eher als mechanisches Hilfsmittel zur Sicherung des Gleichgewichts gewertet werden muss. Beide Vögel äußern laute Kampfrufe, oft vermischt mit Schreckrufen des im Moment unterliegenden Partners. Meist stürzen beide Vögel mit den Zehen ineinander verkrallt zu Boden und kämpfen dort in Seitenlage mit einem fahnenartig abgehobenen Flügel weiter. Alle Bewegungen werden mit größter Schnelligkeit ausgeführt und beliebig variiert. Diese Kampfhandlungen sind sicher zu einem großen Teil Beschädigungskampf, wobei meist bei beiden Partnern Spuren des Kampfes festgestellt werden." (Ulrich et al. 1972, S. 75)

vor genannten Arten auch vom Schmalbindenlori und einigen Kakadus kennen, ist eine relativ starke Form aggressiven Verhaltens, der meist keine entsprechende Intentionsbewegung vorausgeht. Diese unter Umständen von Schlagen und Beißen begleiteten Attacken richten sich sowohl gegen Artgenossen als auch gegen Pfleger und Zoobesucher.

Als höchste Stufe aller aggressiven Handlungen ist der **Hahnenkampf** anzusehen, der bislang bei mehreren Arten beobachtet wurde. Er tritt nur ganz selten und stets zwischen Tieren auf, die sich nur wenig kennen, und wird vermutlich durch beengte Gefangenschaftshaltung begünstigt. Bei Blaustirnamazonen konnte eine solche Form des Kampfes beobachtet werden,

Bei den indonesischen Kakaduarten wie diesen Orangehaubenkakadus kann es in Menschenobhut trotz guter Harmonie der Paarpartner zu plötzlichen Aggressionen mit Todesfolge für das Weibchen kommen.

nachdem die Männchen zweier Paare durch ein Versehen des Pflegers zusammen in eine Voliere gelangt waren. Die beiden Vögel gingen im Angriffsgang aufeinander los, sprangen plötzlich aneinander hoch und verwickelten sich mit abgespreizten Flügeln ineinander. Daraufhin gingen sie unter lauten, krächzenden Schreien zu Boden und kämpften dort weiter. Der Ausgang eines solchen Kampfes ist ungewiss. Im beschriebenen Fall wurden beide Tiere mithilfe von Kescher und Lederhandschuhen getrennt und in verschiedene Volieren gesetzt.

Aggressive Verhaltensweisen, die unter Umständen sogar mit dem Tod des Weibchens enden können, kennen wir von den indonesischen Kakadus bei der Volierenhaltung. Bei verpaarten Tieren, selbst bei langjährig zusammenlebenden und über Jahre sich fortpflanzenden Goffin-, Weißhauben-, Gelbwangen-, Molukken- und Rotsteißkakadus, kann es vorkommen, dass die Männchen plötzlich überaus aggressiv ihren Weibchen gegenüber werden und sie hin und wieder sogar töten. Erste Anzeichen dafür, die zügiges Eingreifen des Halters erfordern, sind Weibchen, die vom Männchen häufig gejagt werden, sich oft auf dem Volierenboden befinden oder schon kleinere oder größere blutende Verletzungen aufweisen. Diese Tiere müssen sofort getrennt werden, möglichst aber in nebeneinander liegende Volieren gesetzt werden, sodass sie sich durch den Volierendraht weiterhin sehen können. Rosemary Low, eine über viele Jahrzehnte erfahrene Papageienhalterin, empfiehlt, das Weibchen in der ursprünglichen Voliere zu belassen und das Männchen zunächst herauszunehmen, später aber – eventuell mit gestutzten Flügelfedern – wieder versuchsweise dazuzusetzen. Auch ein Nistkasten mit einem zweiten Ausgang wird empfohlen, damit sich bedrängte Weibchen vor den Männchen retten können.

Die Ursachen für dieses Verhalten sind bislang nicht geklärt. Möglicherweise spielt räumliche Enge in einer Voliere eine gewisse Rolle. Man hat derartige Attacken aber auch nach dem Umsetzen eines harmonierenden Paares in eine neue, größere Voliere und nach größeren Umgestaltungsmaßnahmen in einer Voliere beobachtet. Rosemary Low vermutet, dass die Männchen ihren Unmut oder ihre Angst vor den Neuerungen dann gegen ihre eigenen Weibchen richten. Wahrscheinlich greift diese Erklärung aber zu kurz. Ob es Entsprechungen aus dem Freilandverhalten gibt, ist bisher nicht bekannt.

Aggressive Verhaltensformen, die unter Umständen ebenfalls mit ernsten Verletzungen einhergehen können, kennen wir schließlich noch zwischen Elternvögeln und Jungtieren. Nach dem Selbstständigwerden der Jungen kann es vorkommen, dass sie – insbesondere dann, wenn die Altvögel erneut brutlustig werden – von den Alttieren aus dem Revier vertrieben und damit aus der Umgebung der Nisthöhle verjagt werden. Da sie unter Volierenverhältnissen aber nur selten ausweichen können, kommt es dort manchmal – wenn der Pfleger nicht rechtzeitig eingreift – zu ernsten Attacken mit

Droh- und Imponierverhalten der Kakadus

Kakadus drohen und imponieren unter anderem mit ausgebreiteten Flügeln und durch ein charakteristisches Verbeugen (bowing, heraldic display). „Bei geringerer Intensität wird der Flügelbug leicht abgestellt, der Schwanz wird gefächert und mit dem Körper werden schwankende Bewegungen ausgeführt; Letzteres ist als ritualisiertes Angriffs- oder Fluchtverhalten zu deuten. Mit steigender Intensität des Konflikts werden die Flügel ganz ausgebreitet und die schaukelnden Körperbewegungen werden verstärkt; der Körper wird ... im Wechsel zum Opponenten hin von diesem weggedreht" (Diefenbach 1982, S. 40). Dies ist als reines Präsentieren anzusehen und im wechselnden Hin- und Abwenden zum/vom Gegenüber wird der Verhaltenskonflikt des Tieres zwischen Angriff und Flucht deutlich.

Weiterhin zeigen Kakadus Verbeugungen nach vorn, die oft mit Imponiergängen gekoppelt sind. Je nach Intensität dieses Verhaltens beugt sich das betreffende Tier immer weiter nach vorn, fächert seinen Schwanz immer stärker und spreizt die Flügel weit auseinander, sodass eine optische Vergrößerung des Körpers erzielt wird. Bei den Rabenkakadus werden auf diese Weise zum Beispiel die roten, gelben oder weißen Schwanzbinden noch deutlicher sichtbar.

(in schlimmen Fällen tödlichen) Verletzungen der Jungen.

Abwehr und Beschwichtigung

Zum Abwehrverhalten der Papageien, das bei manchen Autoren auch als „defensives Drohverhalten" bezeichnet wird, gehört das Einnehmen der **Abwehrhaltung,** das **Flügelabstellen** sowie das **Fußheben.** Wird ein Papagei durch einen Artgenossen bedroht, sitzt er – vielfach mit aufgestellten Nackenfedern – aufrecht auf einem Ast. Der Körper ist dabei oft leicht zurückgelehnt, der Schnabel geöffnet. Krächzende oder schrille Abwehrlaute sind dabei die Regel. Beim Flügelabstellen werden die Flügelbuge 2 bis 3 cm vom Körper abgehoben. Der Vogel nimmt dabei eine Haltung ein, als wolle er zurückweichen. Ausgelöst wird dieses Verhalten insbesondere durch aggressiv motiviertes Schnabelöffnen eines Artgenossen.

Das Fußheben kennen wir fast als „klassisches" Element von nahezu allen bislang untersuchten Papageien, insbesondere von den Loris und Großpapageien. Es wird von manchen Autoren als vornehmlich defensives Drohverhalten mit sehr geringer Angriffsintention, von anderen als reine Beschwichtigungsgeste betrachtet. Ein bedrohtes Tier hebt dabei den Fuß in

Bei Amazonenpapageien – hier eine Blaukappenamazone – besteht das defensive Drohverhalten unter anderem im leichten Abstellen der Flügelbuge.

Brusthöhe, spreizt unter Umständen alle vier Zehen ab und richtet den Fuß gegen den Körper des Gegners. Dieses ungeschützte Darbieten einer empfindlichen und bei Beißereien manchmal bevorzugten Körperstelle stoppt fast augenblicklich eine Schnabelattacke des Gegners. Auch der Angreifer erhebt daraufhin nicht selten seinen Fuß und es kommt gelegentlich zu einem regelrechten Fußgefecht beider Tiere. Fußheben ist oft von knurrenden oder krächzenden Lauten begleitet.

Beschwichtigungsgesten sollen einen drohenden oder angreifenden Vogel möglichst ohne Kampf oder Verletzung abwehren, indem das bedrohte Tier seine Unterlegenheit demonstriert. Typische Elemente sind das „Abschalten" optischer Farbmerkmale und -signale des Gefieders, zum Beispiel das Anlegen der farbigen Flügelbuge bei Amazonenpapageien, das Zusammenlegen des bei manchen Arten auffällig gefärbten Schwanzgefieders, das Anlegen der Federhauben der verlängerten Scheitelfedern bei Kakadus sowie beim Fächerpapagei das Kleinmachen (durch eng angelegtes Körpergefieder, auch durch Niederducken und Einnehmen einer dem bettelnden Jungvogel ähnlichen Demutshaltung) sowie das Abwenden von Kopf und Schnabel. Die gefährlichste „Waffe", der Schnabel, wird dabei vom Gegner weg- und der ungeschützte Hinterkopf dem Gegner zugewendet. Dauert eine Bedrohung längere Zeit, beginnt der Bedrohte unter Umständen sich zu putzen (als Übersprungverhalten), versteckt anschließend den Schnabel bis zur Wurzel im Rückengefieder und schließt die Augen. Damit – und in Verbindung mit der Zuwendung des ungeschützten Nackens – beschwichtigt er seinen Gegner, der nun aufgrund einer wohl angeborenen Beißhemmung in der Regel keine weiteren aggressiven Handlungen folgen lässt. Bei Keas wurde jedoch beobachtet, dass die Männchen bei dem beschriebenen Nackenzuwenden gelegentlich auch aggressiv gegen die Nackenpartien der Weibchen schlugen. Diese äußerten daraufhin eine Art Gackern, das jeden Gegner sofort von weiteren Angriffen abhielt.

Bei Paaren treten nach aggressiven Auseinandersetzungen häufig paarfestigende Verhaltensweisen auf, also Aufforderungen zum Partnerkraulen, Partnerfüttern und Schnabelberühren, die in diesem Zusammenhang als beschwichtigende Verhaltensweisen wirken. Auf das Schnabelklappern mancher Kakadus (und anderer Arten) als Beschwichtigungselement bei Paaren, insbesondere bei der Brutablösung, wurde bereits im vorigen Abschnitt hingewiesen.

Dominanz, Rangordnung und ambivalentes Sexualverhalten

Das Rangordnungsverhalten ist bei frei lebenden Papageienarten bisher nur unzureichend untersucht. Erste Untersuchungsergebnisse liegen für Braunkopfkakadus, Hellrote Aras, Weißstirnamazonen, Elfenbeinsittiche, Tovisittiche und wenige andere Arten vor. Diese Studien haben ergeben, dass die beobachteten Gruppen keine anonymen, sondern individualisierte Gruppen darstellten, in denen sämtliche Gruppenmitglieder untereinander in Beziehung standen. In der Regel waren dabei (mehr oder weniger stabile) Dominanzbeziehungen (Hierarchien) erkennbar. In der Regel dominieren adulte Männchen über Weibchen, Altvögel über

Auf aggressive Auseinandersetzung unter Paarpartnern folgen häufig paarfestigende Verhaltensweisen wie Kontaktsitzen und soziale Gefiederpflege, wie es hier bei Goldsittichen zu sehen ist.

Tarnverhalten des Palmkakadus

Palmkakadus nehmen in Stresssituationen mitunter vermutlich eine Art Tarnposition ein. Sie fliegen dazu auf einen vertikal aufragenden Baumstumpf, machen sich dünn, legen die Haube eng an, verstecken ihren Schnabel und ihre unbefiederte Wangenhaut möglichst vollständig im Gefieder und verhalten sich ruhig und bewegungslos. Auf diese Weise wirken sie im schwachen Licht des Regenwaldes (Palmkakadus sind im Gegensatz zu den meisten anderen Kakaduarten keine Steppen- sondern Regenwaldbewohner!) wie eine dunkle Verlängerung des Baumstammes, auf dem sie sitzen. Es wird vermutet, dass dieses Verhalten eine Art Tarnposition darstellt, ähnlich der des Eulenschwalms. In welchen Situationen Palmkakadus dieses Verhalten zeigen und vor wem sich die Tiere angesichts ihres mächtigen, wehrhaften Schnabels „verstecken“ müssen, ist bislang noch unbekannt (Taylor 2000).

Wann ist ein Papagei dominant?

Verhaltensbiologen haben bereits bei den frühen Papageienstudien versucht, dominantes Verhalten von Papageien eindeutig zu definieren. Ungeachtet vieler immer noch wenig erforschter Papageienarten hat man inzwischen eine Reihe von Verhaltensweisen festgelegt, die als „dominant" gelten. Dazu gehören vor allem abruptes Hinwenden zum Gegenüber mit aufgestelltem Kopf- und Nackengefieder, aktives Beißen und Hacken, Anfliegen mit geöffnetem oder geschlossenem Schnabel, Abstellen der Flügelbuge in Richtung des Gegenübers oder das sogenannte „Aggressive Schreiten" (Seibert 2006). Dominantes Verhalten kommt – abgesehen von den weibchendominanten Arten – hauptsächlich beim männlichen Geschlecht zum Tragen. Bei den meisten Papageienarten zeigen aber auch Weibchen zu bestimmten Zeiten und Anlässen dominantes Verhalten – wenn auch meist in geringerer Intensität als die Männchen. In einer Volierenstudie richteten Nymphensittichweibchen zum Beispiel zur Brutzeit ihr aggressives Verhalten vermehrt gegen andere Weibchen, während bei den Männchen keine Präferenz des einen oder anderen Geschlechts festzustellen war, auf das sich ihr aggressives Verhalten bezog (Seibert & Crowell-Davis 2001).

Jungvögel und verpaarte über unverpaarte Vögel. Bei großen Gruppen von Papageien, etwa den oft beschriebenen Kakaduschwärmen, gibt es kein individuelles Erkennen der einzelnen Vögel. Im großen Schwarm dürften nur die Paare und Familiengruppen abgrenzbare individuelle Einheiten bilden. Auf die Besonderheit der weibchendominanten Arten wird weiter unten hingewiesen.

Auch in Menschenobhut bilden Papageiengruppen der sozial lebenden Arten vielfach eine Rangordnung aus, die das Zusammenleben auf dem engen Raum einer Voliere regelt. Solche Rangordnungen können aber durchaus nur bei gehaltenen Tieren entstehen und müssen nicht zwangsläufig eine Entsprechung in der Sozialstruktur der frei lebenden Populationen finden. Unterschiedliche Formen von Rangordnungen zeigten zum Beispiel Graupapageiengruppen in Menschenobhut (bei einer entsprechenden Studie mit 13 Vögeln war keine lineare Rangordnung festzustellen, hier wechselten die Ränge in unterschiedlichen Situationen). Eine Grünflügelaragruppe im Tierpark Hagenbeck ließ dagegen ebenso eine strenge Hierarchie erkennen, wie sie auch bei Gruppen von Venezuelaamazonen und Mohrenkopfpapageien in Gemeinschaftsvolieren zu beobachten war.

Die Rangordnung innerhalb einer Gruppe reglementiert die Form des Zusammenlebens und minimiert das Auftreten aggressiver Verhaltensweisen zwischen einzelnen Gruppenmitgliedern. Dazu haben sich

Bei langjährig gut harmonierenden Paaren sind häufig keine Dominanzunterschiede zwischen den Paarpartnern zu erkennen – hier im Bild junge Feuerflügelsittiche.

einige Verhaltensformen aus dem Bereich des agonistischen Verhaltens als „Katalysatoren" bewährt. Drohverhaltensweisen werden bei einigen Arten primär vom ranghöchsten Individuum und zwischen Vögeln eingesetzt, die in der Rangordnung weit auseinanderliegen. Aggressive Auseinandersetzungen mit Körperkontakt finden wir dagegen vornehmlich innerhalb der Partnerbeziehungen und zwischen in der Rangordnung nahe stehenden, beinahe gleich starken Individuen, die durch gelegentliche Kämpfe ihren Rang innerhalb der Gruppe überprüfen und auch verändern. Beschädigungskämpfe treten dabei nur äußerst selten auf, in der Regel genügen die oft stark ritualisierten Andeutungen aus dem Bereich des Droh- und Imponierverhaltens, um die Rangordnung zwischen den Individuen festzulegen.

Rangordnung bei Blaustirnamazonen in Menschenobhut

Die Biologin Jana Weinhold untersuchte die Rangordnung einer dreizehnköpfigen Blaustirnamazonen-Gruppe in einer Großvoliere. Dabei fand sie eine relative Rangordnung, die linear – mit wenigen Dreiecksbeziehungen – verlief. Im Allgemeinen waren die Männchen ranghöher als die Weibchen. Dies galt sowohl für den Grundrang als auch für den Status innerhalb der Untergruppen. Die Blaustirnamazonen-Männchen waren im Durchschnitt aggressiver und griffen in der Regel öfter an als die Weibchen. Letztere profitierten aber meistens vom Rang des zugehörigen Männchens und wurden bei Auseinandersetzungen von diesem unterstützt. Während agonistischer Auseinandersetzungen zwischen nicht verpaarten Individuen wurden zum Teil recht starke Aggressionsformen eingesetzt, wie das gegenseitige Anfliegen, die aber nie zu größeren Auseinandersetzungen führten. Zwischen Vögeln, die sich in der Hierarchie nahe standen, gab es die häufigsten Attacken. Zwischen weiter entfernten Tieren kamen fast keine Aggressionen vor (Weinhold 1998).

Das agonistische Verhalten von Blaustirnamazonen ist mittlerweile gut erforscht.

1 und 2: gesträubtes Scheitel- und Hinterrückengefieder; Zeichen für leichte Aggressivität
3: aggressives Schreiten
4: Flügelhochfächern
5: ambivalentes Droh- und Imponierverhalten
6: Fußheben zur Beschwichtigung
7: defensives Drohen
8: Putzen im Übersprung
9: Schnabelverstecken mit Ruhestellung
10: In-den-Ast-Beißen im Übersprung
11: Lateraldrohen

(Pupillenverengung in Abb. 3, 4, 5, 8, 10, 11)

Zeichnung aus Lantermann 1999.

Innerhalb einer Papageiengruppe beschränken sich die aggressiven Auseinandersetzungen in der Regel auf Drohverhaltensweisen und Kommentkämpfe, die oft mit enormen Lautäußerungen verbunden sind. Die Rangordnung, die auf diese Weise gebildet wird, bleibt meist über einen längeren Zeitraum hinweg bestehen. Beschädigungskämpfe sind nur äußerst selten und wenn sie einmal vorkommen, dann vermutlich vor allem als Folge der beengten Haltungsbedingungen.

Bei den männchendominanten Arten hält im Regelfall ein Männchen (meist in Verbindung mit seinem Weibchen) die Alpha-Position, so zum Beispiel bei den näher untersuchten Amazonenarten (Blaustirn- und Venezuelaamazonen) und Mohrenkopfpapageien. Das Tier mit der rang-

Weibchen-Dominanz

Bei den Agaporniden, Edelsittichen, Edelpapageien, Großschnabelpapageien, Rotachselpapageien, beim Braunkopfkakadu, zum Teil auch beim Kea und bei einigen Loris und wenigen anderen Arten finden wir umgekehrte Verhältnisse. Hier ist das Weibchen in der Regel der aggressivere und dominante Partner. Bei manchen Arten kommen das Kontaktsitzen und die soziale Gefiederpflege, die bei männchendominanten Arten an der Tagesordnung sind, nicht oder nur in abgeschwächter Form vor. Abgesehen davon, dass die Weibchen dieser Arten „das Sagen" haben und wichtigste Bereiche des täglichen Lebens dominieren, bringt dies für die Männchen Probleme bei der Kopulation. In dieser Situation müssen Männchen und Weibchen nämlich Mechanismen entwickeln, die dem Männchen zumindest vorübergehend die aktive Rolle ermöglichen.

Und in der Tat finden wir bei einigen Arten – vor allem den Edelsittichen und den Edelpapageien – hoch ritualisierte Verhaltensformen, die eine weitgehend konfliktfreie Annäherung beider Geschlechter kurz vor und während der Begattung zulassen.

höchsten Position erkennt man in der Regel an seinen äußerst auffälligen Bewegungen, lautstark vorgetragenen Rufen, großer Aktivität und vor allem größerer Aggressivität, die aber gegenüber rangniedrigeren Artgenossen selten über reines Drohen (ohne Körperkontakt) hinausgehen. Auch das schlichtende Eingreifen des Alpha-Tieres in die Auseinandersetzungen unterlegener Tiere ist bekannt, zum Beispiel von Schmalbindenloris. Im Vergleich zu seinem Weibchen, das bei vielen Arten zusammen mit dem Männchen die ranghöchste Position einnimmt, verhält sich das Männchen meist insgesamt aggressiver. Allerdings lässt diese größere Aggressivität nicht stets auch auf entsprechende Dominanzverhältnisse innerhalb eines Paares schließen.

Zumindest vom Großen Soldatenara wissen wir, dass bei gehaltenen Tieren keine Dominanz zwischen den Paarpartnern zu beobachten war.

Zu den weibchendominanten Arten gehören die in Australien und Indonesien beheimateten Edelpapageien, bei denen die Weibchen auffällig blaurot, die Männchen dagegen überwiegend grün gefärbt sind.

Sozialstruktur und Rangordnung innerhalb einer Pfirsichköpfchen-Gruppe

Innerhalb einer achtköpfigen Volierengruppe von Pfirsichköpfchen zeigte sich ein recht komplexes Sozialgefüge der Tiere, in dem sich vielerlei „Charakterzüge" der Paare widerspiegelten. Dabei zeigte sich zunächst, dass eine gute Harmonie innerhalb eines Paares in Verbindung mit der Besetzung und Verteidigung einer Nisthöhle zu einem höheren Bruterfolg und sozialen Status führt. Durch „extra-pair-copulations" bot sich aber auch für ein allein lebendes geschlechtsreifes Weibchen die Möglichkeit, zum Fortpflanzungserfolg seiner Gruppe beizutragen. Zudem besteht auch für verpaarte Männchen die Gelegenheit, durch „extra-pair-copulations" die eigenen Gene über mehrere Weibchen in eine Population einzubringen. Nach diesen Beobachtungen sind demnach Agaporniden zwar als sozial monogam einzustufen, von einer genetischen Monogamie kann bei ihnen jedoch nicht die Rede sein.

Eine eindeutige Rangordnung zwischen den Paaren beziehungsweise Einzelvögeln war aufgrund dieser Studie nicht festzustellen. Wohl aber bestand zwischen den Paarpartnern eine gewisse Dominanz, die aber je nach Funktionskreis der Verhaltensformen wechseln konnte. Demnach konnten zum einen weibliche Tiere „typisch" männliche Verhaltensformen zeigen und umgekehrt. Zum anderen konnten die Dominanzen auch an der Futterstelle, beim Schnabelgefecht und so weiter wechseln. Lediglich bei der Verteidigung des Nistkastens nahm das Weibchen in der Regel eine gewisse Vorreiterrolle ein und war gegenüber anderen Vögeln, meist gegenüber anderen Weibchen, aggressiver als ihr Männchen (Lantermann & Noel 2011).

Bei Arten ohne äußerlich erkennbare Geschlechtsmerkmale sind auch für Artgenossen Männchen oder Weibchen unter Umständen nur am unterschiedlich stark ausgeprägten Aggressionsverhalten zu erkennen. Dabei unterscheiden sich die Verhaltensweisen nicht grundsätzlich, sondern nur in Dauer, Intensität und Motivation (ambivalentes Verhalten). In Menschenobhut kommt es aus den verschiedensten Gründen nicht selten zu Verschiebungen der biologisch sinnvollen und notwendigen Verhaltensäußerungen, etwa durch ungünstigere Geschlechterverteilung, durch die Existenz reiner Männchen oder Weibchengruppen, durch die (zufällige) Gemeinschaftshaltung ungewöhnlich großer und starker Tiere des an sich nicht dominanten Geschlechts mit normalgebauten oder gar kleinwüchsigen Exemplaren des Gegengeschlechts, durch eine ungünstige Altersstruktur und so weiter.

Bei Pfirsichköpfchen und anderen Agaporniden-arten hat man inzwischen nachgewiesen, dass in einer Gruppe auch unverpaarte Männchen und Weibchen in bestimmter Weise mit zum Fortpflanzungserfolg beitragen, indem sich die Männchen gelegentlich auch mit verpaarten Weibchen paaren und somit ihre Gene weitergeben.

Dann nämlich kann es vorkommen, dass ein Tier des an sich wenig aggressiven Geschlechts die Rolle des dominanten Alpha-Tieres übernimmt.

So sind viele Fälle aus der Züchterliteratur bekannt, in denen zwei Weibchen oder zwei Männchen dadurch mehr oder weniger harmonische Paarbindungen eingehen konnten, dass ein Tier die dominante, aggressivere Position, das andere die submissive Position einnahm, unabhängig vom Geschlecht und von den Dominanzverhältnissen unter normalen Bedingungen. Dabei kann es zu allen erdenklichen Ausprägungen einer heterosexuellen Paarbeziehung kommen, also zu sozialer Gefiederpflege, zu Partnerfüttern und selbst zu Kopulationsversuchen. Ein solches Verhalten ist in der Regel als Extremadaption an ein für die Tiere unzureichendes künstliches Haltungssystem zu werten, wobei nicht eindeutig ist, inwieweit die Vögel selbst den Irrtum dieser gleichgeschlechtlichen Verpaarungen erkennen können.

Denn offenbar verlassen sich viele monomorphe Arten primär auf das Auftreten größerer Aggressivität als Geschlechtsmerkmal der männlichen Tiere. Sobald es aus irgendwelchen Gründen (noch) nicht auftritt, sind die Vögel desorientiert. So wäre zum Beispiel eine Beobachtung an zwei verschiedengeschlechtlichen Grünzügelpapageien erklärbar, bei denen sowohl Männchen als auch Weibchen kurz nach der Paarbildung die Kopulationshaltung des männlichen Geschlechts einnahmen und Begattungsversuche unternahmen. Erst mit der Zeit und dem Ausprägen einer Rangordnung innerhalb des Paares kam es zur „traditionellen“ Rollenverteilung.

Bei Papageienarten ohne äußere Geschlechtsmerkmale in der Färbung kommt es in Menschenobhut nicht allzu selten auch zu gleichgeschlechtlichen Paarbindungen – hier im Bild junge Weißflügelsittiche.

Gleichgeschlechtliche Paarbindungen?

Die Biologen sind noch uneinig darüber, welchen biologischen Sinn gleichgeschlechtliche Paarbindungen bei Tieren haben könnten. Zunächst wurden entsprechende Beobachtungen stets als Beobachtungs- oder Interpretationsfehler beziehungsweise als Gefangenschaftsartefakte bei gehaltenen Tieren abgetan. Als sich aber immer mehr Beobachtungen dieser Art in den Veröffentlichungen der Säugetier- und Vogelforscher – auch aus dem Freiland – ansammelten, suchte man nach ernsthaften Erklärungsmodellen. Inzwischen weiß man, dass viele Tierarten gelegentlich oder über einen längeren Zeitraum homosexuelle Paarbindungen eingehen. Bei den Papageien wurden als Erklärungsmodelle zum einen Schwierigkeiten bei der gegenseitigen Erkennung der „richtigen“ Geschlechter bei den gefiedermonomorphen Arten beziehungsweise fehlgesteuertes Dominanzverhalten angeführt. Zum anderen werden aber auch „biologische“ Funktionen diskutiert: So besteht (zum Beispiel bei Partnermangel des „richtigen“ Gegengeschlechts) für unverpaarte Tiere die Möglichkeit, eine paaradäquate Beziehung einzugehen, in der viele soziale Verhaltensweisen befriedigt werden können. Zum Zweiten wird ausgeschlossen, dass unverpaarte Individuen zum Beispiel in einer Gruppe zu Störfaktoren werden oder in bestehende Paarbeziehungen eingreifen. Drittens balzen auch homosexuelle Paare häufig in ähnlicher Weise wie die heterosexuellen Paare und tragen damit zur Gruppensynchronisation bei. Viertens schließlich haben Weibchenpaare unter Umständen sogar die Möglichkeit, „extra-pair-copulations“ zu ergattern und auf diese Weise befruchtete Eier zu legen und Junge aufzuziehen. Auch dies wäre – wenn auch bei insgesamt geringerem Reproduktionserfolg – eine Fortpflanzungsstrategie (Hunt & Hunt 1977, Huber & Martys 1993, Lantermann 2000).

Ob solche gleichgeschlechtlichen Paarbildungen auch bei Papageien im Freiland vorkommen, ist bisher nicht durch seriöse Beobachtungen bestätigt worden. Unwahrscheinlich ist dies allerdings nicht, denn für viele andere Vogel- und auch manche Säugetierarten liegen mittlerweile entsprechende Beobachtungen aus dem Freiland vor. Über die biologische Bedeutung dieses Verhaltens herrscht allerdings noch weitgehend Unklarheit.

Auch umgekehrte Verhältnisse sind in der Literatur beschrieben worden. In einem solchen Fall übernahm in einer Gruppe von Blaustirnamazonen (drei Männchen, ein Weibchen), einer an sich männchendominanten Art, sogar das einzige Weibchen vorübergehend die Alpha-Position, die es dann nach der Verpaarung mit seinem Männchen teilte. Ausgelöst wurde diese Ausnahmesituation vermutlich durch die ständigen Rangeleien der beiden ältesten Männchen.

Fortpflanzungsverhalten

Die Zeit der Fortpflanzung stellt einen wichtigen Markierungspunkt im Jahresrhythmus der Papageien dar. In einer Zeit des innerartlich neutralen Verhaltens – der Zeitraum zwischen Beendigung der Jungenaufzucht und erneuter Brutbereitschaft in der nächstfolgenden Brutzeit – herrscht bei vielen Arten in Menschenobhut (definitiv beschrieben ist dieser Teil des Jahresrhythmus für Keas und Blaustirnamazonen) vor der Brut zunächst noch eine neutrale Übergangszeit. In dieser Phase halten die Vögel verhältnismäßig wenig Kontakte zu Artgenossen. Es gibt weniger intensive Auseinandersetzungen oder auch paarbildende Verhaltensformen und es sind kaum sexuelle Motivationen bei den Vögeln erkennbar. Das kann sich im Freiland unter Umständen schlagartig ändern, wenn zum Beispiel plötzliche Regengüsse niedergehen und das Pflanzenwachstum anregen, wenn Temperaturveränderungen spürbar werden, wenn die Sonnenscheindauer sich erhöht und so weiter.
Bei der Haltung in Menschenobhut setzt die Brutphase in der Regel nach absolvierter Mauser im Frühjahr ein, wenn die Temperaturen steigen und die hellen Tagesstunden länger werden. Unterstützt wird dieser Vorgang oft noch durch Eingriffe des Halters wie zum Beispiel durch ein verändertes Nahrungsangebot oder die Bereitstellung eines Nistkastens.

In den sogenannten Junggesellengruppen (der subadulten Tiere) kommt es bei vielen Papageienarten wie bei diesen Allfarbloris bereits vor Eintritt der Geschlechtsreife zu ersten Vorverpaarungen, aus denen später häufig stabile Paarbindungen entstehen.

Soziale Verbände subadulter Vögel

Bereits vor Eintritt der Geschlechtsreife finden sich die Jungvögel, also die subadulten Tiere, vieler sozial lebender Papageienarten zu Sozialverbänden zusammen. Je nach Art, Intention und Alter der Vögel sind diese Gruppen unterschiedlich groß und zusammengesetzt. Solche Sozialverbände gewährleisten auch während der Brutzeit der adulten Vögel, die sich dann oft paarweise von der (Groß)Gruppe absetzen, dass für die jüngeren, noch nicht brutreifen Papageien nach wie vor eine Gruppe existiert, in der Sozialkontakte gepflegt werden können. In diesen Gruppen findet oft lange vor Eintritt der Geschlechtsreife eine Art „Verlobungszeit", eine Vorverpaarung unter den Jungvögeln und subadulten Tieren, statt. Solche Bindungen, die primär ihren Ausdruck in Kontaktsitzen und sozialer Gefiederpflege finden, sind keineswegs als unveränderbare Verpaarungen zu verstehen. Sie sind oft kaum sexuell motiviert und können vermutlich beliebig gelöst werden. Die Vögel haben so die Gelegenheit, sich aus einer größeren Zahl von Tieren und aufgrund einer Vielzahl vorausgegangener sozialer Kontakte für einen Partnervogel zu entscheiden, mit dem sie dann einen vielleicht lebenslangen Paarbund eingehen. Diese Verbindungen in Junggesellengruppen können zunächst durchaus auch zwischen gleichgeschlechtlichen Jungvögeln entstehen, selbst dann, wenn kein Mangel an Partnern des Gegengeschlechts besteht.

Wie lange die oft vermuteten „lebenslangen" Paarbindungen bei Papageien wie bei diesem Gelbbrustara-Paar im Freiland wirklich dauern, kann bis heute nur vermutet werden. Häufig enden sie schon nach einem gescheiterten Brutversuch.

Einzelheiten über Struktur, Organisation, periodische Veränderungen und Auflösung der zuvor beschriebenen Junggesellenverbände sind in der Literatur kaum dokumentiert.

Von wenigen Ausnahmen abgesehen (zum Beispiel Edelpapagei, Eulenpapagei, Vasapapagei, bedingt auch Kea) leben Papageien vermutlich in einer Einehe, die während einer oder mehrerer Brutzeiten bestehen bleibt, in manchen Fällen gar ein ganzes Papageienleben lang anhält. Genau weiß das allerdings niemand, da entsprechende Langzeituntersuchungen im Freiland kaum durchführbar sind. Interessant sind in diesem Zusammenhang allerdings die Untersuchungen von Ian Rowley an Rosakakadus. Von 107 gekennzeichneten Kakadu-Paaren dauerten 57 Paarbindungen nur ein Jahr, 29 zwei Jahre, zehn drei Jahre, sechs vier Jahre, fünf fünf Jahre und

Monogamie bei Papageien

Monogamie ist das meistverbreitete Fortpflanzungssystem unter den Vögeln und kommt auch bei der überwiegenden Mehrzahl der Papageienarten vor. Dabei handelt es sich der Definition nach um das dauerhafte, über die eigentliche Brutsaison hinausreichende Zusammenleben je eines Männchens und eines Weibchens zum Zweck der kooperativen Jungenaufzucht. Oft haben solche Paarbindungen über Jahre oder sogar ein Leben lang Bestand. Eine solche dauerhafte Paarbindung erspart eine energieaufwendige und jedes Jahr erneute Partnersuche und ermöglicht – aufgrund bestehender Verhaltenssynchronisation und Keimdrüsenaktivität – einen schnellen Brutbeginn (zum Beispiel bei Einsetzen von Regenfällen zu Beginn einer Fortpflanzungsperiode). Das Balzverhalten wird zugunsten eines schnellen Brutbeginns verkürzt und langjährig verpaarte Tiere schreiten häufig ohne Zeitverlust und auffällige Balzrituale zur Kopulation, Eiablage und Brut.

eine sechs Jahre (nach der Kennzeichnung). Im Durchschnitt überlebte nur die Hälfte aller Paare (48 Prozent) bis zur nächsten Brutsaison. Oft kamen einer oder beide Partner durch Greifvögel oder menschliche Verfolgung um und der übrig gebliebene Vogel verpaarte sich in der Regel neu. Aber auch Trennungen von Vögeln kamen (in zwölf Fällen) vor, einige davon vermutlich als Folge fehlgeschlagener Bruten. Bei Grünbürzel-Sperlingspapageien sind ebenfalls regelmäßige Partnerwechsel an der Tagesordnung. Bei einer Studie an frei lebenden Vögeln in den zeitweise trockenen und steppenartigen Llanos von Venezuela wurde beobachtet, dass die überwiegende Zahl der Brutpaare (91 Prozent) zwar während eines Brutjahres zusammenblieb (und auch gelegentlich zwei Bruten aufzog), im Folgejahr aber bei knapp einem Drittel dieser Paare (etwa 31 Prozent) ein Partnerwechsel stattfand. Zudem wurde festgestellt, dass diese Sperlingspapageien – vermutlich als evolutive Anpassung an den Mangel an geeigneten Nisthöhlen – ungewöhnlich hohe Gelegegrößen (von bis zu elf Eiern) produzierten und daraus mehr Junge erbrüteten und aufzogen als vergleichbare tropische Arten.

Angesichts dieser ersten Freilandstudien zur Dauer von Paarbindungen stellt sich grundsätzlich die Frage nach der Häufigkeit von lebenslangen Verbindungen von Papageien. Vermutlich werden sich bei weiteren Studien noch mehr Einschränkungen der bisherigen Vorstellung von lebenslangen, monogamen Paarbindungen bei den sozial lebenden Arten ergeben. Richtig ist sicherlich, dass Papageien grundsätzlich als (zeitweise) monogame Vogelarten einzustufen sind, wenngleich

Soziale und sexuelle Monogamie

Der Unterschied zwischen sozialer und sexueller Monogamie besteht darin, dass Papageienpaare in beiden Fällen zwar eine exklusive soziale Partnerschaft führen, die aber im ersten Fall nicht zwangsläufig auf nur einen Geschlechtspartner beschränkt sein muss (= soziale Monogamie), während bei der sexuellen Monogamie nur je ein Männchen und Weibchen eine auch sexuell exklusive Partnerschaft führen.
In Menschenobhut kommen „außereheliche“ Paarungen verpaarter Weibchen mit sogenannten Satellitenmännchen immer wieder vor, zum Beispiel bei der Gruppenhaltung von Agaporniden und anderen Arten. Auch im Freiland ist nun mithilfe von DNA-Untersuchungen nachgewiesen worden, dass bei Rosakakadus und bei dem äußerst bedrohten Echosittich von der Insel Mauritius, der noch einen frei lebenden Bestand von etwa 500 Tieren aufweist, die Vaterschaft der Jungtiere eines Nestes nicht immer auch auf nur einen Vater zurückgeht. Auch hier ist also „extra-pair-mating“ im Spiel – in letzterem Fall (und vielleicht auch generell in solchen Fällen?) zugunsten der genetischen Vielfalt innerhalb der kleinen Restpopulation (Rowley 1990, Taylor & Parkin 2009).

sich die Beobachtungen (vor allem in der Züchterliteratur) häufen, wonach hier und dort auch „Seitensprünge“ der männlichen Vögel in ansonsten festen Paarbeziehungen vorkommen – Beobachtungen, die inzwischen häufig bei anderen Vogelarten gemacht und evolutionsbiologisch eingeordnet wurden. Man wird also künftig auch bei den Papageien begrifflich zwischen sexueller und sozialer Monogamie unterscheiden müssen.

Geschlechtererkennung, Paarbildung und Balz

Die genauen Verhaltensabläufe, die zur Paarbildung, Balz und schließlich zur Kopulation, Eiablage und Brut führen, sind für die meisten Papageienarten bislang nur unzureichend bekannt. Die Übereinstimmung bei vielen Papageienarten ist nach dem bisherigen Kenntnisstand aber so groß, dass es sich anbietet, an dieser Stelle ein für die Mehrzahl der Arten zutreffendes Durchschnittsbild des Verhaltens zu zeichnen. Dieses bedarf freilich bei manchen Arten für bestimmte Bereiche einiger spezifischer Modifikationen oder Ergänzungen.
In den oben erwähnten Junggesellenverbänden (eine Situation, die sich in Menschenobhut nur schwierig simulieren lässt, da kaum ein Papageienhalter in der Lage ist, mehr als vier oder fünf Jungvögel einer Art in einer Gemeinschaftsvoliere zu halten) findet für die Mehrzahl der Papageien

Dreierbeziehungen (meist mit einem sogenannten Satellitenmännchen) sind in Papageiengruppen keine Seltenheit. Sie lassen zumindest vermuten, dass bei manchen Arten – hier junge Blauflügelsittiche – zwischen sozialer und sexueller Monogamie unterschieden werden muss.

bereits eine Vorverpaarung statt. Dies äußert sich darin, dass miteinander harmonierende Paare auffallend häufig mit direktem Körperkontakt nebeneinander sitzen (Kontaktsitzen), gegenseitige Gefiederpflege betreiben und unter Umständen auch ihren Sitzast schwach gegen andere Artgenossen verteidigen. Wenn auch zu diesem Zeitpunkt noch des Öfteren Partnerwechsel vorkommen können, so bleibt doch ein Teil solcher Verbindungen über das Jugendalter hinaus bestehen, wie zumindest Volierenbeobachtungen belegen. Der Eintritt der Geschlechtsreife markiert einen wesentlichen Wendepunkt im Lebenszyklus der Papageien. Beobachtungen in Menschenobhut haben gezeigt, dass Wellensittiche im Alter zwischen 90 und 130 Tagen, Unzertrennliche frühestens mit 80 Tagen, meist aber erst nach der Jugendmauser im Alter von vier Monaten geschlechtsreif werden. Mit zunehmender Größe der Vögel verzögert sich auch der Zeitpunkt des Eintritts der Geschlechtsreife. Während die meisten der sogenannten Großsittiche mit einem oder zwei Jahren ihre sexuelle Reife erlangen, benötigen die Großpapageien dafür meist noch weitaus länger. Die großen Araarten (Gelbbrustara, Hellroter Ara, Grünflügelara, Hyazinthara) kommen frühestens im 5. oder 6. Lebensjahr, Amazonen, Zwergaras und kleine Kakadus in der Regel nicht vor Erreichen des 3. oder 4. Lebensjahres zur ersten Eiablage und Brut. Nur ausnahmsweise kommt es auch früher zur Ablage von – meist unbefruchteten – Gelegen. So haben zum Beispiel in Menschenobhut geborene Rotrückenaras bereits im 2. Lebensjahr mit der Eiablage begonnen. Auch Amazonen-

Kontaktsitzen

Nicht alle Papageien sind Kontakttiere. Abgesehen von den weniger sozialen Arten und Einzelgängern halten auch die paarweise, in Familienverbänden oder kleinen Gruppen lebenden Papageienarten durchaus nicht alle ganzjährig Körperkontakt zu ihren Paarpartnern oder anderen Artgenossen. Während die sprichwörtlichen Unzertrennlichen der Agapornis-personatus-Gruppe (Pfirsich-, Ruß-, Schwarz-, Erdbeerköpfchen sowie die Rosenköpfchen) ebenso wie zum Beispiel Sonnensittiche, Rotsteißpapageien, Amazonenpapageien, Aras, manche Kakadus und viele andere mehr regelmäßiges Kontaktsitzen mit sozialer Gefiederpflege praktizieren, gibt es andere Arten, die eher Distanztiere sind. Dazu gehören Edelpapageien, Großschnabelpapageien, Rotachselpapageien, Edelsittiche, aber auch die Bergpapageien unter den Unzertrennlichen und die afrikanischen Langflügelpapageien. Diese Arten sieht man selten einmal in trauter Zweisamkeit bei der sozialen Gefiederpflege nebeneinander sitzen. Sie werden in dieser Hinsicht meist nur während der Balzzeit und insbesondere kurz vor der Begattung aktiv. Interessanterweise handelt es sich bei dieser Gruppe fast durchweg um weibchendominante Arten.

papageien legten manchmal frühzeitig (im 2. oder 3. Lebensjahr) ihre ersten Eier, die sich in der Regel aber als unbefruchtet oder nicht entwicklungsfähig erwiesen.

Mit Einsetzen der Geschlechtsreife, manchmal auch schon während der „Verlobungszeit“, entwickeln sich bei einem Papageienpaar eindeutige Dominanzverhältnisse. Meist ist das Männchen der dominierende Partner, so zum Beispiel bei Wellensittichen, vielen Großsittichen, Amazonenpapageien, manchen Aras (ausgenommen die Soldatenaras, bei denen keine Dominanz innerhalb eines Paares festgestellt werden konnte), Langflügel- und Graupapageien. Bei Edelsittichen und Edelpapageien jedoch ist es umgekehrt. Und auch bei manchen Loris und Kakadus wurden schon Beobachtungen gemacht, denen zufolge die weiblichen Tiere zumindest zeitweise die Führungspositionen übernahmen. Die dominante Position äußert sich in gewissen charakteristischen Verhaltensabläufen. So zeigt ein dominantes Tier viele agonistische Verhaltensformen und Imponierverhaltensweisen, während der untergeordnete Vogel selbst in Krisensituationen oft weitgehend neutral bleibt beziehungsweise submissive Verhaltensweisen (unter anderem Kleinmachen, Anlegen des Gefieders, Schnabelverstecken) zeigt.

Das Balzverhalten vieler Papageienarten ist vor allem in der Züchterliteratur, gelegentlich auch in der wissenschaftlichen

Erkennung der Geschlechter

Da Papageien keine äußerlich erkennbaren primären Geschlechtsorgane besitzen, ist immer noch nicht im Detail bekannt, wie die gegenseitige Erkennung der Geschlechter für manche Papageienarten vonstatten geht. Zunächst ist zwar davon auszugehen, dass Arten mit eindeutigen unterschiedlichen Gefiedermerkmalen und/oder Schnabelfärbungen im männlichen und weiblichen Geschlecht (zum Beispiel bei den Edelpapageien, Edelsittichen, Rotachselpapageien, Grauköpfchen, Bergpapageien oder Rotbauchpapageien) in der Lage sind, das jeweilige Gegengeschlecht als solches zu erkennen – zumindest bei erwachsenen, ausgefärbten Vögeln. Auch bei der großen Gruppe der australischen Großsittiche, die oft geringfügige Farbabweichungen oder nur eine unterschiedliche Färbungsintensität zwischen den Geschlechtern zeigen, führen auch kleine Farbunterschiede (in Verbindung mit bestimmten Verhaltensweisen und Lautäußerungen) in der Regel zu verschiedengeschlechtlichen Paarbindungen.
Anders verhält es sich aber bei den gefiedermonomorphen Arten, bei denen Männchen und Weibchen keinerlei Unterschiede in der Gefiederfärbung als sekundäre Geschlechtsmerkmale zeigen (zum Beispiel Amazonen, Aras, Rotsteißpapageien, Weißbauchpapageien, Rotschwanz- und Keilschwanzsittiche, manche Unzertrennliche). In diesen Fällen sind die Tiere bei der Erkennung des Gegengeschlechts entweder auf geschlechtsspezifische Lautäußerungen und/oder auf ein spezielles Balzverhalten angewiesen, das zwischen Männchen und Weibchen unterschiedlich oder unterschiedlich stark ausgeprägt ist. Allerdings belegen diverse Beobachtungen aus der Volierenhaltung, dass diese Mechanismen offenbar nicht immer zweifelsfrei funktionieren und in der Folge gelegentlich auch gleichgeschlechtliche Paarbindungen oder Paarbindungen mit umgekehrten Dominanzverhältnissen entstehen.
Seit einiger Zeit wird auch diskutiert, ob Papageien durch ihre Fähigkeit des UV-Sehens in der Lage sind, für das menschliche Auge verborgen bleibende Gefiedermerkmale bei ihrem Gegenüber, die dessen Geschlecht offenbaren, zu erkennen. Zumindest war es einer amerikanischen Studie zufolge möglich, die Geschlechter von 30 Blaustirnamazonen mithilfe spektrometrischer Hilfsmittel anhand unterschiedlicher Farbmerkmale im UV-Bereich zuverlässig zu bestimmen (Santos, Elward & Lumeji 2006). Hier besteht allerdings noch viel Forschungsbedarf.

Literatur, mehr oder weniger ausführlich beschrieben worden. Grundsätzlich zeigen sich dabei die Männchen aktiver, auffälliger, „lauter“. Es gibt aber auch Ausnahmen. Im Folgenden sollen einige Beispiele näher ausgeführt werden.

Die **Balz des Wellensittichs** geht zunächst vom Männchen aus. Mit trippelnden Schritten bewegt es sich immer wieder auf sein auserwähltes Weibchen zu und wieder von ihm weg, hin und wieder stupst das Männchen mit seinem Schnabel gegen den des Weibchens. Kopf- und Kehlgefieder sind dabei gespreizt, die Pupillen sind zeitweise stark verengt. Der Vorgang ist begleitet von einem trillernden Balzgesang, der in unmittelbarem Zusammenhang mit der Spermienbildung und Ovarienreifung steht. Häufiges Kontaktsitzen, gegenseitige soziale Gefiederpflege, Schnäbeln und Partnerfüttern sind charakteristische Anzeichen einer erfolgten Paarbildung.

Im **Balzverhalten der Unzertrennlichen** finden sich einige ähnliche Verhaltensformen wie beim Wellensittich, zum Beispiel das Seitwärtstrippeln, die soziale Gefiederpflege und das Partnerfüttern. Darüber hinaus zeigten Unzertrennliche aber auch – je nach Art in unterschiedlicher Ausprägung – weitere Verhaltensformen wie zum Beispiel das Flügelabstellen beim Orangeköpfchen, das Schwanzschütteln (Schwanzwedeln) im Übersprung beim Rosenköpfchen und den Arten der Agapornis-personatus-Gruppe, das Kratzen und Putzen im Übersprung und bestimmte Lautäußerungen im präkopulativen Kopulationsverhalten.

Relativ gut untersucht ist die **Balz bei einigen Loriarten.** Manche Autoren haben die charakteristischen Balzelemente und die Unterschiede bei einigen Arten der Gattungen *Lorius, Charmosyna, Trichoglossus* und *Pseudeos* herausgearbeitet. Demnach treten die Verhaltenselemente Kopfnicken, Wiegen, Züngeln und Fauchen, Partnerfüttern und Putzen im Übersprung bei allen untersuchten Arten auf. Verbeugung, Kopfstoßen, gestrecktes Laufen und langsamer Gang wurde nur beim Josephinenlori, Schwanzwippen und Überspringen sowie die Kombination von Wiegen und Schwanzwippen nur beim Gelbmantellori, das Körper- und Schwanzschütteln sowie die Kombination von Hüpfen und Flügelschlagen nur beim Allfarblori, das Fußklopfen nur beim Schmalbindenlori beobachtet.

Bemerkenswert ist das **Balzverhalten des Halsbandsittichs.** Hier handelt es sich ja um eine Papageienart, bei der die Weibchen die dominante Position einnehmen. Entsprechend „schwieriger“ gestaltet sich das Erreichen der Kopulation für das Männchen. Es nähert sich zunächst dem Weibchen und stößt seinen Schnabel vorsichtig in die Seite des Weibchens. Anschließend hebt es unmittelbar seinen Fuß zur Beschwichtigung und erreicht erst danach eine Paarungsbereitschaft des Weibchens. Hier ist die Ambivalenz der Stimmungslage zwischen Angriff und Flucht im Zusammenspiel der Geschlechter noch deutlicher ausgeprägt als bei den männchendominanten Arten.

Die **Balz vieler Großpapageienarten,** die normalerweise zeitlich an den Eintritt der

Unterschiede und Gemeinsamkeiten der Balzelemente bei verschiedenen Loriarten:
Gelbmantellori (1), Josephinenlori (2), Weißbürzellori (3), Allfarblori (4), Gebirgs-Allfarblori (5), Schmalbindenlori (6) (nach Ulrich et al. 1972, Pagel & Greven 1990)

Verhaltensweise	1	2	3	4	5	6
Kopfnicken	•	•	•	•	•	•
Verbeugung	–	•	–	–	–	–
Wiegen	•	•	•	•	•	•
Flügelschlagen	•	–	•	•	•	•
Flügelpräsentieren	•	–	•	–	–	–
Schwanzwippen	•	–	–	–	–	–
Wiegender Gang	•	–	•	•	•	–
Langsamer Gang	–	•	–	–	–	–
Gestrecktes Laufen	–	•	–	–	–	–
Überspringen	•	–	–	–	–	–
Hüpfen	–	•	–	•	•	–
Hüpfen/Flügelschlagen	–	–	–	•	–	–
Wiegen/Flügelschlagen	•	–	–	–	–	–
Züngeln/Fauchen	•	•	•	•	•	•
Partnerfüttern	•	•	•	•	•	•
Kopfstoßen	–	•	–	–	–	–
Fußklopfen	–	–	–	–	–	•

Geschlechtsreife gebunden ist, verläuft dagegen oft völlig unspezifisch, das heißt, es treten kaum spezielle, nur bei der Balz vorkommende Verhaltensweisen auf. Vielmehr setzt sie sich bei vielen Arten im Wesentlichen aus einzelnen Elementen des sozialen Verhaltens (einschließlich gewisser agonistischer Verhaltensformen) zusammen, die während des ganzen Jahres vorkommen können. Zur Brutzeit werden sie jedoch anders kombiniert, dauern länger an und werden intensiver gepflegt. Es kommt also zu einer qualitativen und quantitativen Steigerung oder Aufwertung gewisser normaler Ausdrucksformen und Bewegungsabläufe, die dann als Balzverhaltensweisen aufzufassen sind.

Im Laufe der Stammgeschichte hat sich das Balzverhalten aus dem Konflikt verschiedener Motivationen entwickelt. So treffen bei den balzenden Vögeln in der Regel Angriffs-, Flucht- und Paarungsbereitschaft aufeinander; der daraus entstehende innere Konflikt führt zur Ausbildung

Partnerfüttern bei Blaustirnamazonen.

von zum Teil stark ritualisierten Verhaltensmustern und auch Übersprungbewegungen, die sich aus Anteilen mehrerer Funktionskreise zusammensetzen. Das Balzverhalten dient der Verhaltenssynchronisation des Paares und gestattet – nach gewissen Bewegungsritualen – den direkten Körperkontakt, der Voraussetzung für die spätere Kopulation ist.

Relativ gut bekannt ist das **Balzverhalten der Blaustirnamazone,** das an dieser Stelle exemplarisch für viele Großpapageien etwas ausführlicher beschrieben werden soll. Das erste wesentliche Element, das die Balz begleitet, ist die soziale Gefiederpflege und das gegenseitige Kraulen. Bevorzugte Körperregion ist dabei der Nackenbereich. Sich putzende Tiere sitzen dicht nebeneinander, drehen sich als Kraulaufforderung im Wechsel ihre Hinterköpfe zu oder stupsen den Partnervogel als Kraulaufforderung in die Seite. Der gekraulte Vogel kann dabei die Augen ganz oder teilweise schließen. Bei gut harmonierenden Blaustirnamazonen erstreckt sich die soziale Gefiederpflege in Ausnahmefällen auch auf andere Körperpartien. Das gegenseitige Kraulen ist außerhalb der Brutzeit kaum sexuell motiviert und kommt auch bei Jungvögeln vor, die gerade die Bruthöhle verlassen haben. Es dient zunächst der gegenseitigen Gefiederpflege an für den Einzelvogel schwer erreichbaren Körperstellen. Die damit gleichzeitig verbundene Verringerung der Individualdistanz hat dann im Laufe der Stammesgeschichte dazu beigetragen, dass diesem Verhaltenselement eine zweite Bedeutung zukam, nämlich die der Paarbildung und -festigung. Mit Fortschreiten der Reproduktionsphase wird das Partnerkraulen immer häufiger, erreicht vor der Kopulation einen Höhepunkt und wird danach etwas weniger intensiv, aber immer noch relativ häufig weiterbetrieben. Die soziale Gefiederpflege kommt in dieser Doppelbedeutung bei vielen sozial lebenden Papageienarten vor.

Auch das Partnerfüttern stellt ein für viele Papageien typisches Verhalten dar, das bei manchen Arten fast während des ganzen Jahres auftritt, bei anderen hingegen nur während der Brutzeit beobachtet werden kann. Bei der Blaustirnamazone nähert sich das Männchen dem Weibchen mit aufgerichtetem Körper, bleibt vor ihm stehen und würgt unter pumpenden, nickenden

Bewegungen Futterbrei aus seinem Kropf hervor und übergibt diesen bei über Kreuz stehenden Schnäbeln an sein Weibchen. Dieses nimmt mit geducktem Körper und leicht aufgeplustertem Gefieder eine dem Jungvogel ähnliche Bettelhaltung ein und übernimmt – in der Regel ohne Bettelgeräusche – den Futterbrei.
Bei neu verpaarten Vögeln kommt das Partnerfüttern relativ selten vor und die erforderlichen Bewegungen beider Tiere laufen häufig nicht synchron ab, sodass der ausgewürgte Brei oft zu Boden fällt. Fest verpaarte Vögel sind dagegen meist perfekt synchronisiert und zeigen dieses Verhalten mit deutlicher Steigerung vor und während der Brutzeit. Wie die soziale Gefiederpflege hat auch das Partnerfüttern zwei Funktionen. Zum einen „probt" das Männchen seine spätere Ernährerrolle. Denn es ist während der Brut für die Versorgung des Weibchens und nach dem Schlüpfen der Jungen auch für deren Nahrungsbedarf während der gesamten Nestlingszeit verantwortlich. Zum anderen festigt das Partnerfüttern die Paarbildung.

Während das Partnerfüttern und insbesondere die soziale Gefiederpflege der Blaustirnamazone gewissermaßen im Vorfeld des eigentlichen Balzvorganges ablaufen, kommt beim **Imponiergehabe** der Männchen die aufkommende Fortpflanzungsstimmung deutlich zum Ausdruck. Mit dem Imponieren will das Männchen zum einen den eigenen Körper präsentieren. Er wirkt durch Abstellen des Flügelbugs, Fächern des Schwanzgefieders und Abspreizen des Nackengefieders optisch größer und damit für rivalisierende Artgenossen furchteinflößender. Dieser Eindruck wird durch optische Signale (roter Flügelbug, buntes Schwanzgefieder), die in direktem Farbkontrast zum vorwiegend grünen Körpergefieder stehen, noch verstärkt. Die gleichzeitig auftretende rhythmische Verengung der Pupille unterstreicht diesen Effekt. Die zweite Funktion des Imponierens ist das Anlocken des Weibchens, auf das die optische Vergrößerung des Männchens eher anziehend zu wirken scheint.
Bei einem Blaustirnamazonenpaar wurde im ersten Brutjahr regelmäßig beobachtet, dass sich das Männchen jeden Morgen beim Öffnen der Klappe zur Außenvoliere hinausstürzte, auf einen hochgelegenen, gut sichtbaren, schwingenden Ast flog und dort unter monotonen Rufen den Amazonen in den Nachbarvolieren zu imponieren versuchte. Dieser Vorgang dauerte durchschnittlich zwölf Minuten, danach trat bei allen Tieren eine Gewöhnung ein und das Imponierverhalten flachte in der Regel innerhalb einer halben Stunde bis zum Nullpunkt ab. Tauchte jedoch das Weibchen in der Außenvoliere und damit im Blickfeld des Männchens auf, kam es zu einer erneuten Steigerung dieses Verhaltens. Das Männchen zeigte dann ein noch ausgeprägteres Imponiergehabe, schritt kraftvoll mit gespreiztem Nackengefieder und gefächertem Schwanz gut sichtbar auf einem Ast auf und ab und bearbeitete darüber hinaus eine Sitzstange, indem es – begleitet von rhythmischem Flügelheben – mit seinem kräftigen Schnabel Holzspäne

Schnabelkontakt mit anschließendem Partnerfüttern beim Graukopfpapagei.

davon abschälte. Bei dieser Kraftdemonstration verhielt sich das Weibchen oft neutral, manchmal schien es jedoch das Männchen durch lautstarke Rufe anzuspornen. Es kam auch vor, dass das Weibchen ähnliche Verhaltensweisen zeigte wie das Männchen, jedoch weit weniger ausgeprägt.

Das Balzverhalten der anderen Festlandamazonen verläuft offenbar weitgehend ähnlich, wenngleich darüber bislang kaum detaillierte Untersuchungen vorliegen.

Auch das **Balzverhalten der Aras** scheint dem der Festlandamazonen in weiten Teilen zu entsprechen, wenngleich einschränkend gesagt werden muss, dass auch hier kaum detaillierte Beschreibungen vorliegen. Allgemein lässt sich feststellen, dass viele Aras – zumindest in Menschenobhut – wesentlich bewegungsfreudiger und aktiver sind als Amazonen, sodass die einzelnen Verhaltensformen deutlicher und ausgeprägter sichtbar werden. Neben der oben beschriebenen Form der sozialen Gefiederpflege kennen wir von einigen großen Araarten (zum Beispiel Gelbbrustara, Hellroter Ara, Großer Soldatenara) auch das gegenseitige Putzen des Steiß- und Unterbauchgefieders, gelegentlich auch in einer gekreuzten Haltung, das heißt in einer Kopf-zu-Schwanz-Stellung beider Vögel. Dabei signalisieren Form und Intensität des Partnerkraulens die Stärke des Paarbundes.

Bei den bislang untersuchten nicht-südamerikanischen Papageien tritt das Partnerkraulen entweder gar nicht auf oder ist auf Kopf und Oberkörper beschränkt. Beim Großen Soldatenara war das Partnerfüttern unter den spezifischen Haltungsbedingungen einer Forschungsstelle das ganze Jahr über bei verpaarten Tieren (mit schwacher Paarbeziehung) zu beobachten, während bei Partnern mit starker Bindung primär Schnabelberührungen, wahrscheinlich als eine Art stilisiertes Partnerfüttern, vorkamen. In Erregungszuständen während der Balz kommt es darüber hinaus bei manchen Aras zu einer Rotfärbung der (weitgehend) unbefiederten Wangenpartien, die – je nach Affektlage – von schwach Rosa bis Violett variieren kann.

Das **Balzverhalten der Graupapageien** ist – trotz vielfacher Haltung – nur unzureichend bekannt beziehungsweise kaum ausführlich beschrieben worden. Es ähnelt wiederum dem der Blaustirnamazone. Besonders auffällig sind gewisse Balztänze, bei denen beide Partner eines Paares aufgeregt mit hängenden Flügeln auf den Sitzstangen entlanglaufen, sich mehrfach kratzen (Übersprungverhalten) und die

Schnäbel gegeneinander reiben. Darüber hinaus kann ein „Schnabelhakeln“ auftreten, das eventuell eine Vorstufe des Partnerfütterns, welches ebenfalls im Verhaltensinventar der Graupapageien vorkommt, darstellt.

Das **Balzverhalten einiger Langflügelpapageien** ist dem der nahe verwandten Graupapageien zum Teil recht ähnlich. Bei Kongopapageien ist darüber hinaus ein extremes Abstellen und Nach-vorn-Drücken der Flügelbuge beobachtet worden, sodass sie sich fast vor dem Bauch berühren. Goldbug-, Braunkopf- und Mohrenkopfpapageien zeigen während der Balz ein extrem aufgeplustertes Rücken- und Nackengefieder, maximal abgestellte Flügelbuge und ein gefächertes Schwanzgefieder.

Kakadus, zumindest die gut bekannten Arten der Gattungen *Cacatua* und *Eolophus* und auch der Nymphensittich, zeigen zum Teil charakteristische Unterschiede zum Balzverhalten der Neuweltpapageien. Besonders auffällig sind die vornüber gerichteten, ruckartigen Verbeugungen, die mit ebenfalls ruckartigem Aufstellen der Federhaube gekoppelt sein können. So beginnt zum Beispiel das Balzverhalten des Gelbwangenkakadus mit Hüpfbewegungen und Verneigungen des Männchens, gekoppelt mit dem Aufrichten der Federhaube. Der Federhaube kommt eine ähnliche – wenn auch stärker stimmungsbetonende – Funktion wie den abspreizbaren Nackenfedern der Neuweltpapageien zu. Sie dienen der optischen Vergrößerung der Körperoberfläche, bei Arten mit farblich intensiver Haube auch als Signal, sozusagen als Stimmungsbarometer, das Auskunft über die jeweilige Affektlage des Kakadus oder Nymphensittichs gibt. Somit hat die Federhaube auch eine wesentliche Auslöserfunktion im (Imponier- und) Balzverhalten: Sie zeigt die Paarungsbereitschaft an.
Das Inkakakadu-Männchen beispielsweise stolziert zur Balz mit seiner aufgestellten farbenprächtigen Haube auf das Weibchen zu, verbeugt sich, dreht den Kopf hin und her und präsentiert dabei regelmäßig seine kräftig rosa und rot gefärbten Flügelunterseiten. Ist das Weibchen ebenfalls in Brutstimmung, stellt es ebenfalls seine Haube auf, bewegt sich langsam auf das Männchen zu und lässt schließlich die Kopulation zu.

Weiterhin auffällig ist das **Schnabelklappern** mancher Kakaduarten. Oft stellt es eine Art Ablösezeremonie am Nest dar, mit der dem brütenden Vogel das Erscheinen des Partners angekündigt wird. Bei Goffin- und Rotsteißkakadus konnte dieses Verhalten aber oft auch als ein der sozialen Gefiederpflege vorgeschaltetes Element beobachtet werden, das wohl als Beschwichtigungsverhalten – auch unabhängig von der Brut – gedeutet werden kann. Einen bemerkenswerten Unterschied zu den Neuweltpapageien finden wir weiterhin beim Partner- oder Balzfüttern. Bei Kakadus der Gattungen *Eolophus, Cacatua* und *Callocephalon* und beim Nymphensit-

Zum interessanten Balzverhalten der Rabenkakadus gehört auch das maximale Aufstellen der Federhaube.

tich bebrüten beide Geschlechter im Wechsel ihre Gelege. Deshalb können die Partner zu unterschiedlichen Zeiten auf Nahrungssuche gehen, sodass keiner vom anderen abhängig ist. Aus diesem Grund kommt auch das Partnerfüttern als Teilelement der Balz im Verhaltensinventar dieser Arten nicht – oder nur sehr eingeschränkt kurz vor der Kopulation – vor. Bei den Raben- und Palmkakadus dagegen brüten meist ausschließlich die Weibchen. Und erwartungsgemäß gehört bei ihnen das Balz- und Partnerfüttern zum Programm.

Am Rande sei erwähnt, dass bei einigen (allen?) Kakaduarten, beim Nymphensittich und – seltener – auch bei Amazonen, Katharina- und Zitronensittichen eine Art Lateralbalz zu beobachten ist. Mit vornüber gebeugtem Körper präsentiert das balzende Männchen unter maximalem Fächern des Schwanzgefieders sein Hinterteil vor dem Weibchen. Das Banks-Rabenkakadumännchen, das bei der Lateralbalz sein Schwanzgefieder fast kreisförmig fächert, erinnert an die Lateralbalz mancher Hühnervögel wie Fasanen oder Pfauen.

Bei den indonesischen Edelpapageien finden wir umgekehrte Dominanzverhältnisse. Dort haben in aller Regel die Weibchen die dominierende Position. (Sie sind auch leuchtend rot und blau gefärbt, während die Männchen ein grünes Tarnkleid tragen.) Sie treiben ihre Männchen oft stunden- und tagelang durch die Voliere, ehe sie sie in ihrer unmittelbaren Nähe dulden. Auch schwere Beißereien und ernstliche Verletzungen der Männchen sollen dabei gelegentlich vorkommen. Der Beginn der Balz wird vom Weibchen bestimmt. Es signalisiert Kopulations- und Brutbereitschaft durch leise, heisere Knarrtöne und später durch das Einnehmen der Kopulationshaltung. Bei der eigentlichen Balz sitzen sich Männchen und Weibchen gegenüber. Mit wiegenden Kopfbewegungen und sich schnell verengender Iris lässt das Männchen seinen melodischen Balzruf hören, der wie „ong-ong" klingt. Dabei klopft es mit dem Schnabel leicht auf den des Weibchens und füttert es anschließend. Dann springt das Männchen mit einem Satz von ihm weg, das Weibchen folgt ihm und bettelt um Futter. Dieser Ablauf wiederholt sich so lange,

Phasen der Balz beim Halsbandsittich

Auch der Halsbandsittich gehört zu den weibchendominanten Arten. Der Verfasser hatte die Gelegenheit, die Phasen der Balz bei frei lebenden Halsbandsittichpaaren in einer Hotelanlage auf Sri Lanka, wo Nistkästen für die Vögel aufgehängt waren, ausführlich zu studieren. In der Zusammenfassung ergeben sich nach diesen Beobachtungen folgende sechs Phasen der Balz:

Phase 1: *Beide Vögel finden sich auf dem Nistkastendach ein und halten zunächst ein wenig Abstand voneinander. Dann kommt es meist zu kurzen gegenseitigen Kraulsequenzen im Nacken und/oder Schnabelkontakten zwischen den Tieren. Das Weibchen deutet wenig später durch die „Kahnstellung" seine Kopulationsbereitschaft an. Es verhält sich ansonsten bewegungslos.*

Phase 2: *Das Männchen steigt zunächst mit einem Fuß auf den Rücken des Weibchens und balanciert sein Gewicht aus.*

Phase 3: *Das Männchen zieht den zweiten Fuß nach, steigt nun mit beiden Füßen auf und vollführt rhythmische Kopulationsbewegungen, die sich in der Intensität steigern. Das Weibchen dreht in dieser Phase gelegentlich den Kopf zur Seite oder wendet ihn zurück und schaut das Männchen an.*

Phase 4: *Das Männchen wird „ekstatisch", vollführt weiterhin intensive, sich steigernde Kopulationsbewegungen und koppelt sie nun mit nickenden Kopfstößen gegen den Nacken des Weibchens.*

Phase 5: *Das Männchen springt mit kurzem Flügelschlag ab. Sofort beginnt es nun mit dem Füttern des Weibchens. Dazu nähert es sich mit mehrfach (meist zweimal) ruckartig erhobenem (linken) Fuß, abgestelltem Flügelbug und verengten Pupillen dem Weibchen, füttert es kurz und weicht dann schnell zurück. Dieser Vorgang wiederholt sich in starrer Abfolge mehrfach.*

Hier scheint ein ambivalentes Verhalten infolge eines Konflikts zweier Motivationen vorzuliegen: zum einen die forsche Annäherung des Männchens mit aggressiven Verhaltensanteilen (Abstellen des Flügelbuges, Verengen der Pupillen), zum anderen die Fluchttendenz mit submissivem oder Angstverhalten, das sich in der Defensivbewegung des Fußhebens und im Zurückweichen zeigt.

Phase 6: *Männchen und Weibchen gehen auf Abstand und sitzen noch kurze Zeit fast teilnahmslos nebeneinander. Das Weibchen klettert dann in den Nistkasten oder fliegt ab. Das Männchen verharrt fast bewegungslos auf dem Nistkastendach und fliegt wenig später davon (Lantermann 2003c).*

bis das Weibchen leise Knarrtöne von sich gibt und zur Kopulation auffordert.

Einige größere Abweichungen vom Durchschnittsverhalten der Papageienbalz zeigen schließlich auch die neuseeländischen Keas. Bei ihnen hat die soziale Gefiederpflege offenbar keine ritualisierte Form erhalten und nicht die (Sekundär)Funktion

Soziale Gefiederpflege

Die soziale Gefiederpflege („allopreening“) wird in der Regel als Verhaltensweise mit doppelter Funktion angesehen. Sie dient zum einen der gegenseitigen Gefiederpflege an für den einzelnen Vogel schwer erreichbaren Körperstellen wie zum Beispiel im Kopf- und Nackenbereich. Andererseits hat sie sich zu einem Element des Paarzusammenhaltes entwickelt, das viele Papageien vor und während der Brutzeit gehäuft zeigen, manche auch das ganze Jahr über. Es dient dann als soziale Komponente der Festigung des Paarbundes und hat – gewissermaßen nebenbei – auch noch einen Pflegeeffekt. Die gegenseitige Gefiederpflege beschränkt sich zum Beispiel bei Wellensittichen, Unzertrennlichen, Amazonen und Langflügelpapageien in der Regel auf Kopf und Nacken, wogegen andere Arten(gruppen) wie zum Beispiel Keilschwanzsittiche, Schmalschnabelsittiche, Aras und Kakadus das gegenseitige Putzen und „Kraulen“ auch auf die Brust-, Flügel-, Schwanz- und Steißregion ausdehnen (Smith 1975).

Manche Forscher sehen die Funktion des Partnerputzens im Ersatz von agonistischen Verhaltensweisen beziehungsweise die Entwicklung des Partnerputzens aus agonistischen Verhaltensweisen hergeleitet. So wurde unter anderem vermutet, dass die soziale Gefiederpflege im Grunde ein Übersprungsverhalten darstellt, das bei Partnern, die sich nahe beieinander befinden, aus dem Konflikt zweier Tendenzen entstanden ist: nämlich zum einen der Tendenz zur Vergrößerung der Distanz zwischen beiden Vögeln, zum anderen der Tendenz zur sexuellen Annäherung beider Partner. Daraus habe sich die Aufforderung zum „Kraulen“ ritualisiert (Harrison 1965).

der Verringerung der Individualdistanz übernommen. Sie kommt offenbar vorwiegend im Verhalten subadulter Paare vor, während sie bei adulten Vögeln weitgehend fehlt. Die eigentliche Balz scheint primär vom Weibchen auszugehen. Es verfolgt das Männchen und bettelt es um Futter an. Als Balzhandlung hüpft das Männchen neben dem Weibchen auf einem Ast oder Stein auf und ab und hält dabei die Flügel geöffnet. Um die Paarungsbereitschaft zu testen, drückt das Männchen seinen Schnabel in die Seite des Weibchens (ritualisierter Scheinangriff). Anfangs wehrt das Weibchen das Männchen immer wieder ab und verjagt es. Mit der Zeit ergibt sich aber ein Gleichgewicht zwischen Fluchtintention und Aggression zwischen dem Paar und es folgt ein Scheinfüttern (Balzfüttern). Dieses Partnerfüttern kommt nicht nur als Element der Balz, sondern schon bei subadulten Tieren als eine Art Vorbalz zur Festigung des sexuell kaum motivierten Paarbundes vor. Bei Jungvögeln, die noch nicht geschlechtsreif sind, finden wir eine

Art Paarungsspiel (mit Balzanteilen) mit rituellen Kämpfen. Dabei liegen Männchen und Weibchen abwechselnd auf dem Rücken und der eine Partner hüpft dem anderen auf den Bauch. Sie fassen sich mit den Schnäbeln gegenseitig an den Füßen und „bearbeiten“ sich gegenseitig das Halsgefieder. Dieses Paarungsspiel kommt bei erwachsenen Paaren offenbar gar nicht mehr oder zumindest nur ausnahmsweise vor.

Bei erfolgreichem Ablauf der beschriebenen Balzhandlungen kommt es zunehmend zur Verhaltenssynchronisation beider Partnervögel – die Voraussetzung für die spätere Kopulation –, danach zur Eiablage, Brut und Jungenaufzucht. Deutlich wird dies dann, wenn gewisse regelmäßig wiederkehrende (an sich außersoziale) Verhaltensformen, etwa die Nahrungsaufnahme, das Strecken, das Gefiederputzen, ja selbst das Kratzen und Gähnen bei beiden Tieren zeitgleich auftreten. Den höchsten Grad der Synchronisation haben die Tiere dann erreicht, wenn das Balz- und Partnerfüttern zielgerichtet und mit exakter zeitlicher Abstimmung erfolgt, sodass das Männchen genau in dem Augenblick, wenn es vorverdautes Futter hervorwürgt, das aufnahmebereite Weibchen vorfindet, dem es die Nahrung übergeben kann.

In manchen Fällen ist eine Synchronisation nicht (oder noch nicht) zu erreichen. Das Weibchen zeigt sich dann wenig empfänglich gegenüber den Balzhandlungen des Männchens. Die aggressiven oder auch die Fluchttendenzen überwiegen und die

Die soziale Gefiederpflege wie bei diesen Hellroten Aras hat zwei Funktionen: Zum einen dient sie der tatsächlichen Gefiederpflege an Körperstellen, die der einzelne Vogel selbst schlecht erreichen kann, zum anderen dient sie der Beschwichtigung und der Festigung des Paarbundes.

engere Paarbildung unterbleibt. Die für den Papageienhalter und -züchter sichtbaren Anzeichen einer erfolgten Verpaarung sind somit zum einen der enge Körperkontakt zweier Vögel mit zunehmender sozialer Gefiederpflege und gelegentlichem Partnerfüttern, zum anderen – und dies ist in der Regel besonders auffällig – die zunehmende Aggression gegenüber anderen Papageienpaaren (und manchmal auch gegenüber dem Pfleger). Oft sind an diesen Konflikten primär die männlichen Tiere beteiligt.

Brutplatzsuche, Revierbildung und -verteidigung

Zu Beginn der Balz werden die Tiere – vornehmlich die Männchen – zunehmend aggressiver. Im Freiland trennen sich dann die Paare vom bestehenden Schwarm oder

Wie dieser Wellensittich nisten fast alle Papageienarten im Freiland in Baumhölen.

Gruppenverband und suchen einen Brutplatz. Sie finden ihn meist in natürlich entstandenen Höhlungen alter Bäume und in ehemaligen Baumhöhlennestern von Spechten, Bartvögeln und anderen (sub-)tropischen Höhlenbrütern. Solche Nistkammern werden den Bedürfnissen der Papageien entsprechend „umgebaut" und mit dem kräftigen Schnabel vergrößert. Die anfallenden Holzspäne von den Höhlenwänden dienen zum Teil als Nestunterlage, zum Teil werden sie von den Vögeln hinausgeschafft. Nur wenige Arten nagen ihre Nisthöhlen vollkommen eigenständig in die Bäume.

Einige Papageienarten brüten an außergewöhnlichen Nistplätzen oder haben besondere Formen des Nestbaus der Nisthöhlenausstattung entwickelt. Manche legen ihre Nisthöhlen in den Bauten baum- oder bodenbewohnender Termiten an. Sie graben den Eingangstunnel und die Nistkammer selbst. Zu ihnen gehören das afrikanische Orangeköpfchen, vermutlich das Grünköpfchen und die Spechtpapageien Indonesiens, die in Baumtermitarien brüten. Auch einige australische Sitticharten, insbesondere der vermutlich vor dem Aussterben stehende Paradiessittich sowie der Goldschultersittich, brüten in den oberirdischen Bauten von Termiten. Sie benutzen dort entweder die ausgedienten Bruthöhlen von Eisvögeln oder graben sich an besonders zugänglichen Stellen ihre Kammern selbst. Elfenbein-, Goldstirn- und Tovisittiche sowie einige Sperlingspapageien gehören zu den wenigen neuweltlichen Arten, die ihren Brutplatz ebenfalls in Termitenbauten anlegen. Neuerdings ist auch für die Blaustirnamazone zumindest die Benutzung einer Höhle in einem Termitarium (bodenbewohnender Termiten) nachgewiesen worden.

In Gebieten, wo Bäume mit geeigneten Nisthöhlen knapp sind, weichen die Papageien zum Beispiel auf Felsspalten und -höhlungen aus. Die kulturfolgenden Arten, wie die afrikanischen Rosenköpfchen und die Halsbandsittiche in Afrika und Indien, benutzen auch Mauerspalten in Gebäuden als Brutplätze. Die Nester des australischen Klippensittichs liegen in offenen Felsenhöhlen in Küstennähe und manchmal so dicht über der Wasseroberfläche, dass die Eier und die brütenden Vögel bei stürmischem Wetter von Wasserspritzern getroffen werden. Die Blauaras in Brasilien und die mexikanischen Arasittiche nisten – meist in Ermangelung entsprechender Brutbäume – ebenfalls (auch) in Felshöhlungen.

Manche Arten legen ihre Nester auch in Erdhöhlen an. Relativ gut bekannt sind die Nistgewohnheiten der patagonischen Felsensittiche. Sie brüten kolonieweise in Erdlöchern, die sie in steilen Sandbänken anlegen. Die Höhlen haben 8 bis 18 cm Durchmesser, sind bis zu 3 Meter lang und enden in einer Nistkammer von etwa 40 cm Länge und 15 cm Höhe. Die Eingangstunnel sind nicht geradlinig, sondern mit vielen Windungen angelegt. Deshalb treffen die Tiere beim Bauen häufig auf die Gänge anderer Paare, sodass mit der Zeit eine Art Gangsystem entsteht.

Einmalig unter den Papageien der Neuen Welt sind die Nistgewohnheiten der Bahamaamazone, einer Unterart der Kubaamazone. Ihr natürliches Vorkommen ist auf die Bahama-Inseln Inagua und Great Abaco im Karibischen Meer beschränkt. In Ermangelung geeigneter Brutbäume nisten die Amazonen auf Abaco in natürlichen, ausgewaschenen Kalksteinhöhlen im Erdboden. Die Tiefe dieser Nester reicht von 40 cm bis 3 Meter bei einer mittleren Tiefe von etwa 125 cm.

In selbst gegrabenen Erdhöhlen brüten auch die neuseeländischen Keas. Sie legen unter Felsbrocken oder Baumwurzeln Nistkammern an, die durch lange, schmale Gänge zugänglich sind. Die Nisthöhlen der Eulenpapageien sind ebenfalls selbst gegrabene Erdhöhlen von rund 60 cm Durchmesser und 30 cm Höhe.

Recht ungewöhnlich unter den Papageien ist eine Nistgewohnheit des afrikanischen Rosenköpfchens und einiger anderer Agapornidenarten. Wenn sie nicht in Mau-

Nur wenige Arten tragen Nistmaterial von außen in die Nisthöhle ein. Agaporniden – hier ein Pfirsichköpfchen – bauen innerhalb der Nisthöhlen damit sogar noch mehr oder weniger kunstvolle Nestkobel.

ernischen in der Nähe menschlicher Ansiedlungen, in anderen Felsspalten oder Baumhöhlen brüten, legen sie ihre Brutkammern auch in den großen Gemeinschaftsnestern von Webervögeln an.

Ungewöhnliche Brutplätze benutzen auch die Erdsittiche und Nachtsittiche in Australien. Der Erdsittich brütet direkt am Boden. Er scharrt eine flache Mulde unter einem Strauch oder Grasbüschel. Dort legt er später seine Eier ab. Der Nachtsittich legt seine Eier in eine selbst geformte Kammer im Zentrum eines Spinifex-Grasbüschels. Die Nestkammer ist von außen durch einen Tunnel zugänglich.

Die südamerikanischen Mönchsittiche errichten – als Besonderheit im Brutverhalten der Papageien – gemeinschaftlich große Reisignester aus dünnen, oft dornigen Zweigen, in denen sie in der Regel mit mehreren Paaren zusammenleben. Sie

Brutbiologie und kooperatives Verhalten beim Mönchsittich

Mönchsittiche brüten in der Regel zu mehreren Paaren in großen Nestern, die sie aus Zweigen selbst herstellen. In der Regel sind hauptsächlich die Männchen für Beschaffung und Verbauung des Nistmaterials sowie Futterbeschaffung und Fütterung von Weibchen und Jungvögeln zuständig. Später beteiligt sich auch das Weibchen an der Fütterung der Jungtiere. Die gewöhnliche soziale Einheit innerhalb eines solchen Brutverbandes ist das Paar. Es wurden jedoch auch in mehreren Fällen Trios beobachtet, wobei entweder ein Satellitenmännchen oder -weibchen bei einem Paar mitbeteiligt war. Diese Beobachtungen legen nahe, dass Mönchsittiche Ansätze eines kooperativen Brutverhaltens zeigen, bei dem der dritte Partner in gewisser Weise zur Steigerung des Bruterfolges beiträgt, indem er entweder Unterstützung beim Nestbau, bei der Fütterung des brütenden Weibchens oder beim Füttern der Jungvögel bietet. Dadurch kann zum einen der Bruterfolg gesteigert werden und zum anderen trägt das Satellitenmännchen oder -weibchen zur besseren Nest- und Nachwuchssicherung bei als dies bei nur zwei Vögeln der Fall wäre (Bucher et al. 1991, Eberhardt 1998b).

Ansätze von kooperativem Brutverhalten beschreiben auch Theuerkauf et. al. (2009) für den Neukaledonien-Ziegensittich (Cyanoramphus saisetti) und den Hornsittich aus dem Freiland. Beim Ziegensittich wurde in einem Fall beobachtet, dass sich zwei Männchen um ein Weibchen und die Jungen kümmerten. Genetische Tests ergaben dann, dass die Jungvögel auch von beiden Vätern stammten. Bei den Hornsittichen nutzen zwei Paare ein gemeinsames Nest, es wurden aber keine „Helfer am Nest“ beobachtet.

Neuere Untersuchungen haben darüber hinaus ergeben, dass Mönchsittiche oft zusammen mit Jabiru-Störchen brüten. Im brasilianischen Pantanal nisteten diese Störche auf der Mehrzahl der Mönchsittich-Gemeinschaftsnester. Auffällig war, dass diese Gemeinschaftsnester insgesamt größer waren und mehr Brutkammern enthielten als Nester, auf denen keine Störche brüteten. Vermutlich ziehen die Mönchsittiche Vorteile aus dem Zusammenleben mit den Störchen zum Beispiel zur Warnung vor oder Verteidigung gegen Prädatoren (Burger & Gochfeld 2005).

legen mehrere Brutkammern an, die keine Verbindung untereinander haben. In manchen Nestern brütet nur ein einziges Paar, in anderen wurden bis zu 20 Mönchsittichpaare und darüber hinaus noch andere Vogelarten als „Untermieter“ gefunden.

Nur von wenigen Papageien weiß man, dass sie Nistmaterial von außen in die Bruthöhle eintragen und damit ein flaches Nestpolster schaffen, so zum Beispiel von den afrikanischen Grauköpfchen, Orangeköpfchen und Bergpapageien, von einigen Fledermauspapageien, vom Rosakakadu und vom Palmkakadu. Sie bringen kleine Zweige, Ästchen und Blätter in die Bruthöhle ein und zerbeißen sie zu einer Nestunterlage, auf der später die Eier abgelegt werden. Zum einen dient eine solche Nestunterlage als Schutz des Geleges oder der Jungvögel vor sich anstauender Nässe, zum anderen gewährleisten die eingetragenen grünen Pflanzenteile im Höhleninneren eine gewisse Luftfeuchtigkeit, die später das Schlüpfen der Jungen erleichtert. Einige Arten, die in Erdhöhlen oder Brutmulden nisten, errichten Nestunterlagen.

Die Gemeinschaftsnester der Mönchsittiche werden von den Vögeln aus Zweigen und Ästen komplett selbst gebaut. Solche Konstruktionen wachsen über die Jahre und können beachtliche Ausmaße annehmen.

Agaporniden und Webervögel

In den Savannen Ostafrikas, wo Baumhöhlungen zum Nisten knapp sind, weichen einige Agapornidenarten ersatzweise auf Webernester zum Brüten aus. So sind Pfirsichköpfchen mit Rotschwanzwebern, Erdbeerköpfchen mit Büffelwebern und Rosenköpfchen mit Siedelwebern und Mahaliwebern assoziiert. Schwarzköpfchen fand man in den leeren Nestern von Apus affinis, einer Seglerart. Auf welche Weise diese Nestgemeinschaften funktionieren, ob Weber und Agaporniden gleichzeitig in den Rundkobeln der Weber brüten und ob die wehrhaften Agaporniden die Weber vertreiben, ist bisher kaum hinreichend erforscht und bislang nicht Gegenstand eigenständiger Veröffentlichungen gewesen. Denkbar wäre eine Form von Symbiose mit beiderseitigem Vorteil: Die Weber überlassen den Agaporniden einige Nistkammern, die ihrerseits durch ihre größere Wehrhaftigkeit besseren Schutz vor Nestprädatoren bieten (Forshaw 1989). Das ist zurzeit aber reine Spekulation.

Gut erforscht ist das Nestbauverhalten der Unzertrennlichen. Rosenköpfchen, Rußköpfchen, Schwarzköpfchen, Pfirsichköpfchen und Erdbeerköpfchen errichten in den Brutkammern Nester aus Zweigen oder Rindenstücken, die sie – je nach Art unterschiedlich – mit dem Schnabel hineintragen oder in ihrem Gefieder festklemmen und damit in die Bruthöhle klettern.

„Bohnern“ und „Pudern“ des Nisthöhleneingangs

Eine Besonderheit beim Herrichten des Nisthöhleneingangs finden wir beim Rosakakadu. In einer Bruthöhle, in der vorher noch kein anderer artgleicher Kakadu gebrütet hat, beginnen beide Partner sofort damit, die Rinde unterhalb des Höhleneinganges abzubeißen. Dadurch wird mit fortschreitender Brutzeit der gesamte Stamm unterhalb der Bruthöhle entrindet und teilweise sogar mit dem Staub der Puderdunen poliert. Bei schräg stehenden Bäumen wird nur die Oberseite poliert; bei senkrecht stehenden Bäumen wird der gesamte Stammumfang entrindet und „gebohnert“. Je tiefer die Bruthöhle liegt, desto intensiver sind die Spuren der Bearbeitung. Sicherlich bezweckt dieses angeborene Verhalten den eigenen Schutz sowie den Schutz der Brut, denn Feinden wird das Erklettern der Stämme erschwert, wenn nicht sogar unmöglich gemacht (Rowley 1990).

Während die zuvor genannten Grauköpfchen, Orangeköpfchen und Bergpapageien jeweils nur flache Nestunterlagen herstellen, baut das Rosenköpfchen einen vollständigen „Becher“ und die Unzertrennlichen der Agapornis-personatus-Gruppe errichten eine wohlgeformte überdachte Nestkammer mit Eingangstunnel. Vermutlich ist dieses Verhalten als Anpassung an einen Nisthöhlenmangel in den natürlichen Lebensräumen dieser Arten (vorwiegend Trocken-Savannen mit spärlichem Baumbestand) entstanden. Mit dieser Nestbautechnik lassen sich auch ungeeignete und zu große Höhlen durch Nistmaterial auf das notwendige Maß bringen. Auch einige Arten der Fledermauspapageien und die australischen Schön- und Glanzsittiche tragen (manchmal) Nistmaterial in ihre Bruthöhlen, indem sie es im Gefieder festklemmen und damit in ihre Höhlen schlüpfen.

Die Nisthöhlen sind oft recht klein, manchmal sogar wesentlich kleiner als die Nisthilfen, die man den Tieren für Brutversuche in Menschenobhut anbietet. Nicht selten sitzen darin später die Jungvögel – wenn sie größer werden – dicht gedrängt oder sogar übereinander. So wurde zum Beispiel eine Rosakakadu-Bruthöhle von nur 18 cm Durchmesser gefunden, in der vier Jungvögel großgezogen wurden. Zum Schutz vor Feinden befinden sich die Bruthöhlen oft hoch oben in riesigen Bäumen. Das Einschlupfloch ist meist gerade so groß, dass ein Altvogel ohne größere Schwierigkeiten hineingelangen kann.

Mit der Auswahl, der Besetzung und dem Herrichten eines Brutplatzes bestimmen die Papageien den Mittelpunkt ihres Revieres. Dabei muss dieser Brutplatz keineswegs wirklich in der Mitte eines genau abgesteckten Revieres liegen, wie wir dies von manchen europäischen Singvögeln kennen. Vielmehr dient er den Tieren gewissermaßen als zentraler Anlaufort, auf den sich alle Bemühungen der adulten Partnervögel konzentrieren. Die Nahrungsplätze können mitunter kilometerweit entfernt sein, zum Teil liegen sie jedoch auch in unmittelbarer Nähe des Nistplatzes (siehe auch Seite 151).

Die zur Brutzeit aufkommende Aggression (überwiegend der Männchen) gilt nun primär der Verteidigung des Brutplatzes und seiner Umgebung sowie der Nahrungssicherung. Aus Volierenbeobachtungen wissen wir inzwischen, dass – ähnlich wie bei manchen Hühnervögeln und Buntbarschen – bei männchendominanten Arten die dem Weibchen entgegengebrachte Aggression umso geringer ist, je mehr andere (äußere) Einflüsse aggressive Verhaltensweisen des Männchens fordern. Wenn es also in Sicht- oder Hörweite der Brutvoliere rivalisierende, aggressive Artgenossen gibt, reagiert das Männchen bei der Abwehr des Rivalen und der Verteidigung von Weibchen und Bruthöhle einen Großteil seiner angestauten Aggression ab. Dies wiederum kommt der Paarbindung zugute, die ihrerseits nun insgesamt harmonischer verläuft. Vermutlich stellen sich die Verhältnisse im Freiland ähnlich dar.

Viele Papageienarten – hier ein Blaukopfara – wählen Nisthöhlen mit möglichst kleinen Einschlupflöchern aus, sodass die Tiere gerade eben hindurchpassen.

Kopulation, Eiablage, Brut

Die Balz dient der Zusammenführung der Partnervögel, der Synchronisation ihrer Verhaltensabläufe und dem Abbau der aggressiven Verhaltensanteile oder Fluchttendenzen gegenüber dem (dominanten) Geschlechtspartner. Wenn zwei brutbereite Tiere ein ausgewogenes Verhältnis zwischen Aggression und Fluchtneigung erreicht haben, kommt es in der Regel zur Kopulation. Vielfach gehen einer erfolgreichen Kopulation mehrere Begattungsversuche des Männchens voraus, die aber vom Weibchen abgewehrt werden. Nicht selten jagt das Männchen dabei seinem Weibchen hinterher. In Menschenobhut, wo oft keine Ausweichmöglichkeit besteht, kann dies bis zur völligen Erschöpfung des Weibchens führen. Erst wenn auch das Weibchen bereit ist, fordert es das Männchen zur Kopulation auf. Dazu nimmt es meist eine Körperhaltung ein, die in einer bestimmten Form „Unterwürfigkeit“ demonstriert beziehungsweise dem bettelnden Jungvogel ähnelt. Es legt sich – oft vornüber gebeugt – flach auf den Sitzast, stellt die Flügel dabei ein wenig ab und lockt mit schwach zitternden Flügelbewegungen und manchmal leisen, gutturalen Lauten das Männchen an. Charakteristisch ist die „kahnförmige" Körperhaltung der Wellensittichweibchen und der weiblichen Unzertrennlichen.

Die Kopulation selbst erfolgt in der Regel auf einem Sitzast oder auf dem Boden. Bei den Wellensittichen fordert das Weibchen mit der sogenannten Kahnstellung zur Begattung auf. Es wirkt dabei etwas starr, der Kopf ist zurückgelegt, das Kopfgefieder leicht aufgeplustert, die Flügel sind angezogen und die Schwanzfedern zeigen nach oben. Das Männchen steigt zunächst ganz kurz mit einem Bein auf den Rücken des Weibchens, schließlich mit beiden Beinen, senkt sein Hinterteil und drückt es gegen das des Weibchens. Da die Schwanzfedern des Weibchens aufgerichtet sind, können die beiden Kloaken zusammengeführt und die Begattung kann vollzogen werden.

Während der Begattung breitet das Männchen einen Flügel über das Weibchen – ein Vorgang, der wahrscheinlich bei keiner anderen Papageienart in dieser Intensität vorkommt.

Die altweltlichen Papageien sowie die Sittiche, Kakadus und Edelpapageien Indonesiens und Australiens haben ein ähnliches Kopulationsverhalten. Bei diesen Arten steigen oder fliegen die Männchen mit beiden Beinen auf den Rücken des Weibchens und vollziehen dann in ähnlicher Weise wie oben beschrieben die Begattung.

Bei den Neuweltpapageien steigt der männliche Vogel vom Ast aus mit einem Fuß auf den Rücken des Weibchens, während er sich mit dem zweiten Fuß am Sitzast festklammert. Mit gefächertem Schwanzgefieder führen die Tiere nun unter rhythmischen Bewegungen ihre beiden Kloaken, in die Samen- und Eileiter münden, zusammen und erreichen damit eine Befruchtung. Aras, zumindest die großen Arten, kopulieren auch auf dem Boden oder – wie in Menschenobhut beobachtet –, indem sich beide Tiere ans

 Kopulation beim Nandaysittich im Weltvogelpark Walsrode.

Kopulation bei Rosakakadus

Genauer untersucht ist das Kopulationsverhalten des Rosakakadus. Von 114 beobachteten Kopulationen im Freiland dauerten 68 im Durchschnitt 92 Sekunden, die Übrigen nahmen weniger Zeit in Anspruch und waren vermutlich unvollständig. Die meisten Kopulationen fanden in der Nähe des Neststandortes statt. 38 Prozent wurden in der Woche vor, 27 Prozent in der Woche der Eiablagen vollzogen. Einige Kopulationen wurden bereits fünf Wochen vor der Eiablage beobachtet.

Bei der Kopulation besteigt das Männchen das paarungsbereite Weibchen, klammert sich mit beiden Füßen in dessen Schulterbereich fest und vollzieht die Begattung, indem es seinen Schwanz seitwärts unter das Schwanzgefieder des Weibchens schiebt. Auf diese Weise kommt es zum Kloakenkontakt. Schließlich öffnet das Männchen seine Flügel zu einem Teil und steigt herab. Beide Vögel beenden den Vorgang durch eine kurze Gefiederpflege und -ordnung (Rowley 1990).

Kopulation bei Gelbmantelloris

Das Kopulationsverhalten des Gelbmantelloris enthält weitere, bisher nicht genannte Elemente. Das Männchen steigt zunächst mit einem, später beiden Füßen auf den Rücken des Weibchens. Hat es nicht gleich die richtige Position eingenommen, dreht es sich noch ein- oder mehrmals, wobei es sich der Schwanzregion des Weibchens nähert und dabei auch mit den Flügeln schlägt oder nickt. Hat es schließlich die richtige Position eingenommen, legt es seinen Schwanz so weit wie möglich um das Weibchen. Mit seitlichen, reibenden Bewegungen presst es seinen Kloakenbereich an den des Weibchens und beginnt mit pumpend-massierenden Bewegungen, wenn die Kloaken Kontakt haben. Das Männchen bewegt dann den Kopf auf und ab und berührt mit dem Schnabel den Nacken des Weibchens (Pagel & Greven 1990, S. 385).

Volierengitter hängen und dabei die Analöffnungen zusammenführen.
Oft haben die Männchen Schwierigkeiten, bei der Begattung das Gleichgewicht zu halten. Sie balancieren deshalb gelegentlich mit ausgebreiteten Flügeln oder halten sich auch im Nackengefieder des Weibchens fest. Nicht selten kommt dabei wieder übermäßige Aggression auf, die dazu führen kann, dass dem Weibchen

Polygynandrie und Langzeit-Kopulation beim Großen Vasapapagei

Große Vasapapageien weichen – soweit bisher bekannt – in ihrem Sozialsystem deutlich von dem aller anderen Papageien ab. Sie leben nämlich in einer Polygynandrie (eine Art „Gruppenehe"), das heißt, sie gehen keinen festen Paarbund ein, sondern Männchen und Weibchen kopulieren mit unterschiedlichen Partnern. Die Gelege der Weibchen sind somit in der Regel von mehreren Männchen befruchtet (Ekstrom 2002, Spoon 2006).
Auch die Kopulation des Großen Vasapapageis stellt in dreierlei Hinsicht eine bemerkenswerte Ausnahme unter den Papageien dar. Zum einen verlieren beide Geschlechter während der Brutzeit ihr Kopfgefieder. Gleichzeitig verfärbt sich die Kopfhaut so intensiv gelb, dass die ansonsten recht unscheinbaren Vögel ein völlig verändertes Aussehen bekommen. Die Funktion dieses Mechanismus ist bislang nicht bekannt.
Zum Zweiten stülpen die Männchen vor der Kopulation eine etwa 50 bis 55 mm lange, fleischfarbene Vorwölbung im Kloakenbereich aus, führen sie in die Kloake des Weibchens ein und „verankern" sich auf diese Weise mit ihm. Die anschließende Kopulation dauert – als dritte Besonderheit – bei Vasapapageien der Nominatform bis zu 10 Minuten, wogegen die Vögel der westlichen Unterart nach einer Beobachtung im Chester Zoo in England durchschnittlich mehr als 100 Minuten kopulierten (Wilkinson & Birkhead 1995).

einige Federchen im Nackenbereich ausgezupft werden, die Aggression durch Balzfüttern „kanalisiert" oder die Kopulation abgebrochen wird.
Eine Kopulation kann wenige Sekunden bis hin zu mehreren Minuten (beim Großen Vasapapagei sogar über eine Stunde) dauern. In der Regel beginnt die Paarungsbereitschaft mit der Balzzeit und erreicht kurz vor der Eiablage ihren Höhepunkt; dann sind fünf bis sechs Kopulationen am Tag bei manchen Tieren keine Seltenheit. Bei Keas konnte beobachtet werden, dass sie bereits im Alter von zwei Jahren mit Kopulationsversuchen begannen, also lange vor Eintritt der Geschlechtsreife. Eingeleitet wird ihre Paarung, indem das Männchen seinen Schnabel in die Seite des Weibchens drückt. Dann hüpft es auf und ab (Balzsprünge) und befliegt schließlich das Weibchen. Es hängt von der Bereitschaft des Weibchens ab, ob eine Begattung stattfindet. Läuft das Weibchen unter ihm weg, balzt das Männchen weiter. Bleibt das Männchen auf seinem Rücken, duckt sich das Weibchen flach nach vorn. Es lässt die Flügel hängen, hebt den Schwanz steil an und wendet den Kopf nach hinten. Das Männchen versucht, den Schnabel des Weibchens zu fassen, und ein Scheinfüttern erfolgt. Bei der Paarung schlägt das Männchen mit den Flügeln, um

die Balance zu halten. Die Begattung dauert im Durchschnitt etwa 10 bis 15 Sekunden, manchmal aber auch erheblich länger. Im Zoo Zürich wurden mehrere Minuten lange Kopulationen beobachtet. Es können auch mehrere Kopulationsversuche hintereinander unternommen werden, was jedoch hauptsächlich bei jungen Paaren vorkommt. Das Weibchen gibt während der Kopulation leise Bettellaute von sich. Nach der Begattung verharrt es für einige Sekunden in seiner geduckten Haltung.
Allgemein kann man sagen, dass der gesamte Balzvorgang bis hin zur Kopulation bei Vögeln, die erstmals zur Fortpflanzung kommen, in seiner ganzen und zum Teil komplizierten Bandbreite erhalten bleibt. Bei erfahrenen Brutpaaren läuft die Balzhandlungskette dagegen häufig unvollständig verkürzt und weniger intensiv ab, was sogar zu beinahe spontanen Kopulationen führen kann.

Die vorgewölbte Kloake bei der Kopulation des Großen Vasapapageis ist einzigartig unter den Papageien. Damit verankert sich der männliche Vogel in der Kloake des Weibchens während der Kopulation.

Zum Ende der Balzzeit, wenn die Kopulationsfrequenzen ihren Höhepunkt erreichen und der Brutplatz ausgewählt und hergerichtet ist, beginnt das Weibchen mit der Eiablage. Es verbringt zu Anfang nur wenige Minuten, später Stunden und schließlich ganze Tage und Nächte in der Brutkammer. Der Züchter kann – insbesondere dann, wenn das Weibchen auch nachts den Nistkasten nicht mehr verlässt – davon ausgehen, dass die Ablage des ersten Eies unmittelbar bevorsteht oder bereits erfolgt ist. Gleichzeitig finden sich auf dem Volierenboden große, zum Teil übel riechende und schleimig auseinanderlaufende Kothaufen – das Ergebnis der Kotproduktion mehrerer Tage, da das Weibchen während der Brutzeit nur alle zwei bis drei Tage Kot absetzt. Das Männchen beteiligt sich – nachdem die Bruthöhle einmal ausgewählt und hergerichtet ist – anfangs meist nur wenig an den Aktivitäten des Weibchens. Es sitzt oft teilnahmslos auf einem Ast in der Nähe des Nistkastens und wartet darauf, dass das Weibchen gelegentlich am Schlupfloch erscheint.
Die Eiablage erfolgt meist am frühen Morgen oder am Nachmittag, während einer

Kopulation einmal umgekehrt

Bei einem Mohrenkopfpapageienpaar in Menschenobhut wurde festgestellt, dass dessen Kopulationshaltung von der „klassischen“ Form männchendominanter Arten abwich. Bei diesem Paar bestieg das Weibchen das Männchen und steuerte eine insofern erfolgreiche Kopulation mit dem erforderlichen Samenaustausch, als es daraufhin zur Ablage befruchteter Eier und zur Aufzucht der Jungvögel kam. Grundsätzlich scheint es also nur darauf anzukommen, dass die Kloaken beider Geschlechter während der Kopulation zusammengeführt werden und die Samenflüssigkeit ausgetauscht wird – unabhängig davon, welches Geschlecht zur Kopulation „oben“ oder „unten“ sitzt (Wagner 1999).
Dieses Phänomen wird in der wissenschaftlichen Literatur als „female mounting“ beschrieben und kommt offenbar auch bei anderen gefiedermonomorphen Arten (= Arten ohne äußerlich erkennbare Geschlechtsunterschiede) vor – besonders häufig bei den Unzertrennlichen der Agapornis-personatus-Gruppe und beim Rosenköpfchen – und wird durch „pseudoweibliches“ Verhalten der Männchen begünstigt (Dilger 1960, Spoon 2006).

der beiden Hauptaktivitätszeiten. Das Ei erkennt man nicht selten schon einige Zeit vor dem Ausstoß durch eine entsprechende Wölbung der Bauchdecke. Die Ablage des ersten Eies scheint für viele Papageien relativ anstrengend zu sein, denn nicht selten ist es rauschalig und blutverschmiert. Auch Legenot, ein Krankheitsbild, bei dem in Menschenobhut lebende Vögel ihre Eier nicht komplikationslos absetzen können, kommt bevorzugt bei jungen, unerfahrenen Erstbrütern vor. Mit der Ablage des zweiten Eies (seltener auch des ersten Eies), das meist zwei Tage auf das erste Ei folgt, beginnen die meisten Papageien mit der Brut. Aber auch Legeabstände von nur einem Tag oder aber drei und mehr Tagen zwischen zwei Eiern sind keine Seltenheit.

Zwei australische Rabenkakaduarten legen ihre Eier gar im Abstand von sechs bis acht Tagen ab. Die Gelegegröße ist bei kleineren Sitticharten im Allgemeinen

Papageien legen als Höhlenbrüter stets reinweiße Eier, deren Gelegestärke von nur einem bis zu sieben oder acht Eiern – wie hier bei Springsittichen – reichen kann.

größer als bei größeren Papageienarten. So legen Laufsittiche (Spring- und Ziegensittiche) gelegentlich acht oder neun Eier pro Gelege, wogegen durchschnittliche Gelege von kleineren Sittichen, Unzertrennlichen, Sperlingspapageien und anderen Arten nur fünf bis sechs Eier umfassen. Größere asiatische und neotropische Sittiche legen vielfach drei bis vier Eier pro Gelege, Loris immer, Edelpapageien meist nur zwei Eier. Viele Amazonen, kleinere Aras, Kakadus, Graupapageien, Langflügelpapageien und noch andere legen zwei bis vier Eier, große Aras und Blauaras zwei bis drei, Rabenkakadus häufig nur ein bis zwei Eier und Palmkakadus nur ein Ei.

Mit dem dauerhaften Aufenthalt des Weibchens im Nistkasten ändert sich auch das Verhalten des Männchens. Es wird nun zunehmend aktiver, sichert die Nisthöhle nach außen mit steigender Aggressivität ab und füttert das Weibchen in der Bruthöhle. Dies ist eine Verhaltensform, die es mit dem Partnerfüttern während der Balz „eingeübt" hat und die nun gewissermaßen als Ernstfall zum Tragen kommt. Manche Papageienmännchen verbringen sogar viele Stunden und Tage zusammen mit dem Weibchen in der Nisthöhle, sodass die Vermutung nahe liegt, dass sie aktiv am Brutgeschäft beteiligt sind. Andere werden von ihren Weibchen allenfalls am Bruthöhleneingang zur Futterübergabe geduldet bei dem Versuch weiter vorzudringen, aber regelmäßig weggebissen. Grundsätzlich lassen sich wohl keine festen Regeln für das Brutverhalten bei Papageien aufstellen. Es kann von Art zu Art, ja von Paar zu Paar völlig unterschiedlich sein.

Meist beginnt das Weibchen nach der Ablage des zweiten Eies mit dem Bebrüten des Geleges, das dann im Laufe der nächsten Tage vervollständigt wird – hier im Bild ist ein brütendes Springsittichweibchen zu sehen.

Während die bisher genannten Brutgewohnheiten auf die meisten neuweltlichen, afrikanischen und australisch/indonesischen Papageien zutreffen, gestaltet sich das Brutverhalten einiger Kakaduarten (Gattungen *Eolophus, Cacatua, Callocephalon*) und des Nymphensittichs völlig anders: Bei ihnen gibt es eine Art „Arbeitsteilung" während der Brut. In der Regel brüten die Weibchen nachts, die Männchen vom Vormittag bis zum späten Nachmittag. Die Brutablösung erfolgt in der gleichen Weise, wie sie für Tauben und Reiher beschrieben wird. Oft veranlasst bereits das bloße Erscheinen des einen

Partners vor der Bruthöhle den anderen dazu, das Nest zu verlassen. Normalerweise setzt sich der ankommende Partner zu dem brütenden ins Nest und drängt diesen langsam von den Eiern. Vorher kündigt er sein Erscheinen am Nest durch leises Schnabelklappern an.

Bei Bruten in Menschenobhut verweilen häufig beide Partner für längere Zeit gemeinsam auf dem Gelege, da hier die zeitraubende Futtersuche entfällt. Bei Volierenbruten sind Abweichungen von der tageszeitlichen Verteilung der Brutzeiten beider Geschlechter, wie Zeitverschiebungen und mehrere Ablösungen, typisch. So brütete bei einem Paar Großer Gelbhaubenkakadus das Männchen nur von 10 bis 11 Uhr am Morgen und von 15 bis 16 Uhr am Nachmittag, während das Weibchen in der ganzen übrigen Zeit das Gelege betreute. Verbunden mit diesem Wechsel während der Brut ist eine Verhaltensbesonderheit, auf die bereits weiter oben hingewiesen wurde. Ein Partnerfüttern ist bei den Kakaduarten, bei denen Männchen und Weibchen abwechselnd brüten, nicht notwendig, da beide Partner im Wechsel Zeit finden, um Nahrung zu suchen. Somit kommt das Partnerfüttern auch im Balzverhalten dieser Arten gar nicht oder nur sehr eingeschränkt (vor der Kopulation) vor.

Manche Papageienarten polstern die Nisthöhle mit eigenen Körperfedern aus, wie man bei diesem Gelege eines Bergpapageis sehen kann.

Manche Papageien polstern während der Brutzeit ihr Nest noch mit eigenen Körperfedern aus. Bekannt ist dieses Verhalten von Gelbscheitelamazonen und Edelpapageien. Insbesondere die Weibchen verlieren Teile ihres Bauchgefieders, wodurch der sogenannte Brutfleck entsteht. Mit diesen Federn statten sie die Nestmulde aus. Auch weiß man inzwischen aus Beobachtungen an Volierenvögeln, dass sich manche Weibchen im Bauchbereich einen Teil ihres Untergefieders auszupfen, um bei der Brut – unter leicht abgespreiztem Obergefieder – direkten Körperkontakt zum Gelege zu bekommen. Dabei zeigt der weibliche Vogel in der Regel bei glatt angelegtem Körpergefieder ein völlig normales Äußeres, während bei aufgeplustertem Bauchgefieder darunter die völlig nackte Bauchhaut ohne schützendes Untergefieder zu erkennen ist.

Über Lagerung, Bruttemperatur, Wenden der Eier, effektive tägliche Bebrütungszeit

Ungewöhnliche Geschlechterrollen bei Edelpapageien

Edelpapageien nehmen unter den Papageien eine bemerkenswerte Sonderstellung ein. Sie sind nicht nur auffallend unterschiedlich gefärbt (Männchen leuchtend grün, Weibchen rot bis blau-rot), sie haben auch die Dominanzrollen getauscht: Hier sind die Weibchen dominant.

Über viele Jahrzehnte haben Forscher an diesen Phänomenen herumgerätselt. Inzwischen haben Robert Heinsohn und Mitarbeiter von der Australian National University einige dieser Fragen gelöst. Demnach wirkt ein ganz unterschiedlicher Selektionsdruck auf beide Geschlechter ein: Weibchen konkurrieren um trockene, zur Jungenaufzucht geeignete Nisthöhlen. Sie halten bis zu neun Monate im Jahr eine dieser – recht knappen – Nisthöhlen besetzt und verteidigen sie. In dieser Zeit verlassen sie die Höhle oder deren Umgebung kaum und sind auf Fütterung (auch später für den Nachwuchs) durch die Männchen angewiesen. Die Männchen hingegen unterliegen einerseits dem Druck, sich vor Beutegreifern zu schützen, andererseits, mit anderen Männchen um die Vorrangstellung und die Kopulationsmöglichkeit mit einem der Weibchen zu konkurrieren. Denn ein Edelpapageienweibchen lebt mit bis zu acht Männchen zusammen, welche die Versorgung übernehmen. Genetische Tests haben aber gezeigt, dass die in der Regel zwei aufwachsenden Jungvögel dennoch in den meisten Fällen von nur einem Vater abstammen. Bei einer späteren Brut kann dann ein anderes Männchen der Vater der Jungvögel sein.

Diese ungewöhnlichen Geschlechterrollen deuten darauf hin, dass zum einen deutlich mehr männliche Jungvögel schlüpfen und überleben und dass zum zweiten Weibchen offenbar weitaus gefährdeter sind als Männchen, was ihre Zahl offenbar so stark minimiert, dass das genannte Ungleichverhältnis der Geschlechter entsteht. Wenn auch ein Großteil der Männchen während einer Brutperiode nicht genetisch zum Zuge kommt, so ist doch sichergestellt, dass die übrigen Männchen ihre Energie in die Futterbeschaffung und damit den Aufzuchterfolg der Jungvögel investieren – ein äußerst interessantes Fallbeispiel für die Soziobiologie (Heinsohn et. al. 2006, 2008).

und so weiter haben wir kaum hinreichende Angaben für irgendeine Papageienart aus dem Freiland oder der Haltung in Menschenobhut (abgesehen von den Daten bei der Kunstbrut). Das einzig bekannte Regulativ ist die gelegentliche Befeuchtung des Geleges. Dies ist bei der Haltung in Menschenobhut insbesondere gegen Ende der Brutzeit zu beobachten. Viele Papageienweibchen baden kurz vor dem Schlupf der Jungen ausgiebig und setzen sich dann mit nassem Gefieder auf die

Eier. Damit wird den Jungen vermutlich der Schlupfprozess erleichtert.

Die **Brutzeiten** der Papageien sind – je nach Körpergröße der Papageienarten – unterschiedlich. Allgemein kann man sagen, dass größere Arten länger brüten als kleinere. Von allen Papageien haben Palm-, Molukken- und Weißhaubenkakadus sowie der Hyazinthara mit rund 30 bis 33 Tagen die längste Brutzeit; bei den meisten anderen Kakaduarten schwankt – auch innerhalb der Art – die Brutzeit zwischen 22 und 28 Tagen. Eine bemerkenswerte Ausnahme bildet der australische Nacktaugenkakadu mit nur 21-tägiger Brutzeit. Der Graupapagei sowie die Mehrzahl der neuweltlichen Großpapageien (Amazonen, Aras) haben eine relativ einheitliche Brutzeit von 28 bis 30 Tagen. Ein wenig abweichend ist die Brutzeit von Rotsteißpapageien, die durchweg bei 26 bis 27 Tagen für alle Arten liegt. Die Angaben zur Brutzeit des Keas schwanken beachtlich. Es sind Zeiten von 20 bis 29 Tagen ermittelt worden. Die kleineren Arten (Sittiche, Kleinpapageien) haben kürzere Brutzeiten. Wellensittiche haben eine Brutzeit von 18 Tagen, Grassittiche brüten in der Regel 18 bis 19 Tage, Sperlingspapageien brüten 17 bis 20 Tage, Unzertrennliche durchschnittlich 21 bis 23 Tage und viele Großsittiche zwischen 20 und 23 Tagen.

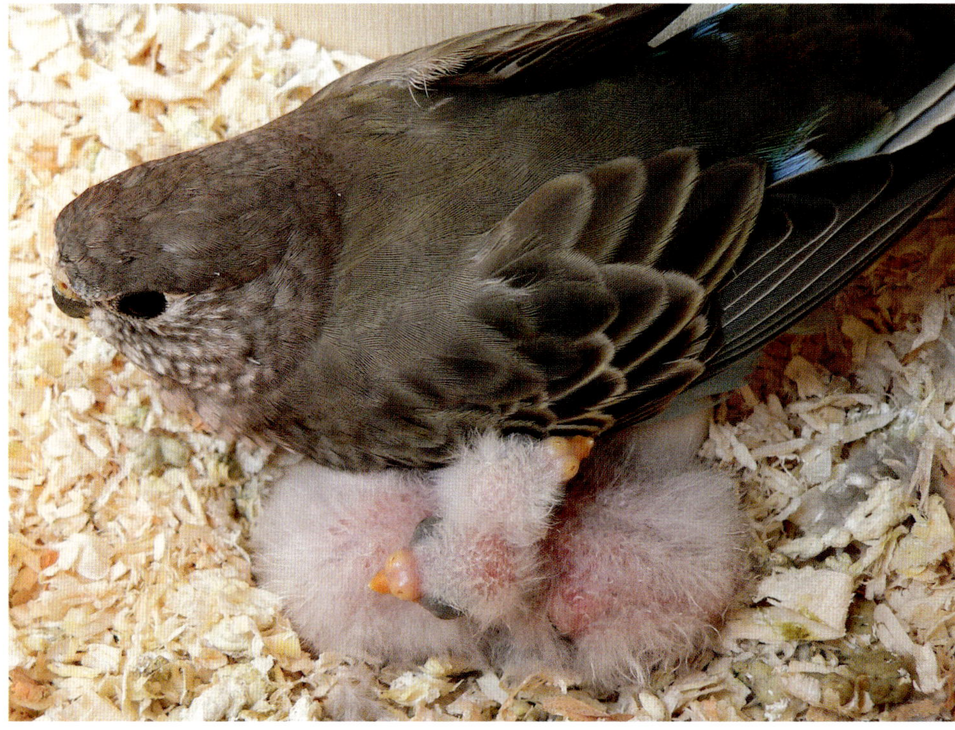

Kleinere Papageienarten wie dieser Bourkesittich haben eine relativ kurze Brutzeit von nur 18 Tagen.

Entwicklung und Sozialisation der Jungvögel

Über die Entwicklung des Verhaltens bei Papageien weiß man relativ wenig. Die meisten Informationen liegen noch über die kleineren Sittiche und Kleinpapageien vor. Fast alle bisherigen Kenntnisse stammen aus Beobachtungen an gehaltenen Tieren, am ehesten noch von Handaufzuchten, die aber kaum als Maßstab für einen natürlichen Entwicklungsprozess herangezogen werden sollten.
Gleiches gilt für die Kenntnisse über die körperliche Entwicklung der Papageien. Die vielen veröffentlichten Daten und Gewichtskurven der letzten Jahre stammen vorwiegend von gut dokumentierten Handaufzuchten. Dieser Mangel an exakten Daten von „natürlichen" Aufzuchten ist insofern erstaunlich, als inzwischen alljährlich eine Vielzahl von Papageien unterschiedlichster Arten auch durch Elternaufzucht in den Zuchtanlagen der Züchter und Vogelliebhaber heranwächst, deren Verhaltensentwicklung aber kaum ausführlich dokumentiert wird.

Schlupf und Aufzucht der Jungen

Beim Wellensittich dauert der eigentliche Schlupfvorgang etwa 20 Minuten. Das frisch geschlüpfte Küken wiegt weniger als 2 Gramm. Unzertrennliche geben bereits 48 Stunden vor dem Schlupf hörbare Geräusche im Ei von sich. Dabei handelt es sich zum einen um Pieplaute, zum anderen um mechanisch erzeugte Laute, die da-

Ein gerade schlüpfender Springsittich. Gut zu erkennen ist der Eizahn, mit dessen Hilfe die Eischale angeritzt wurde.

durch entstehen, dass die Küken mit dem Eizahn die Eischale berühren und perforieren. Sie brechen die Eischale in der Regel am stumpfen Pol auf, indem sie sich mit aller Kraft in die Höhe recken. Blaustirnamazonenküken sind bereits 24 Stunden vor dem Schlupf im Ei zu hören. In einem genauer protokollierten Fall dauerte der gesamte Schlupfprozess knapp sieben Stunden. Kea-Junge brauchen vom Anpicken des Eies (Atemloch) bis zum Aufbrechen der Eischale im Durchschnitt acht bis 14 Stunden.
Die Jungen schlüpfen in zeitlicher Abhängigkeit von der Eiablage und vom Brutbeginn des Weibchens. Da viele Papageien erst mit Ablage des zweiten Eies mit der Brut beginnen, schlüpfen die ersten beiden Jungvögel (wenn die Legeintervalle zwischen zwei Eiern etwa 48 Stunden betragen) oft am gleichen Tag. Das dritte oder vierte Tier folgt in der Regel jeweils zwei (seltener drei) Tage später. Auch

Schlupfintervalle von vier bis sechs Tagen sind in der Literatur (für Kakadus) erwähnt.

Wie bei vielen Vogelarten, die in schwer zugänglichen, vor Beutegreifern relativ gut geschützten Baumhöhlen, Erdkammern oder Felsspalten brüten, gehören auch die Jungen der Papageien zu den Nesthockern, die eine verhältnismäßig lange Entwicklungszeit bis zur Selbstständigkeit brauchen. Sie schlüpfen in einem noch mehr oder weniger embryonalen Zustand, sind in der Regel nur mit einem spärlichen Dunenkleid ausgestattet und haben die Augen vollständig geschlossen.

Gut erkennbar ist bei fast allen frisch geschlüpften Tieren der Eizahn auf der Oberschnabelspitze, mit dessen Hilfe die Jungen die Eischale anritzen und damit den eigentlichen Schlupfvorgang einleiten. Durch Strecken des Halses klappt schließlich eine Hälfte der Eischale auf. Durch weitere Streckbewegungen von Flügeln und Beinen befreit sich das Junge schließlich vollständig von der Eischale und kriecht dann erschöpft unter das wärmende Gefieder des Altvogels.

Von Wellensittichweibchen weiß man inzwischen, dass sie beim Schlüpfen ihrer Jungen nicht untätig bleiben. Sobald der Jungvogel Stimmfühlungslaute im Ei von sich gibt (etwa 24 Stunden vor dem Schlupf), zeigen die Weibchen erhöhte Aufmerksamkeit, stehen gelegentlich auf, tasten die Eier nach Bruchstellen ab oder leisten gar aktive Schlupfhilfe, indem sie an den angepickten Stellen kleine Schalenstücke herausbrechen und den Küken so beim Verlassen der Eischale helfen. Auch für andere Papageienarten ist eine solche Form der Schlupfhilfe denkbar und wahrscheinlich, aber bislang nicht eindeutig nachgewiesen.

Die Aufzucht der Jungen erfolgt bei fast allen Papageienarten zunächst durch das Weibchen. Erst zu einem späteren Zeitpunkt, wenn die Jungvögel bereits einige Tage oder Wochen alt sind, beteiligt sich auch das Männchen daran.

Bei den Kakadus der Gattung *Cacatua,* beim Helmkakadu, beim Rosakakadu und beim Nymphensittich verhält es sich dagegen anders. Hier brüten und füttern beide Geschlechter im Wechsel. Beim Eulenpapagei ist das Weibchen allein für die Versorgung des Nachwuchses verantwortlich. Beim Kea (und Kaka?) scheint das Männchen eine wesentliche Rolle bei der Aufzucht der Jungen zu haben.

Die orangerote oder rote Stirnfärbung bei jungen Schwarzohrpapageien scheint ein archaisches Färbungsrelikt zu sein. Sie verliert sich nach der ersten Großmauser.

Die körperliche Entwicklung der Jungvögel verläuft von Art zu Art verschieden. In der Regel dauert sie – wie bei den meisten Nesthockern – verhältnismäßig lange. Sie vollzieht sich bei der Mehrzahl der Arten zu Anfang recht langsam, nach einigen Tagen kommt es zu einem rascheren Wachstum, das sich gegen Ende der Nestlingszeit wiederum verlangsamt. Bei mehreren Arten wurde beobachtet, dass die Jungvögel während der Nestlingszeit schwerer als die Altvögel wurden (insbesondere bei Bruten mit nur einem oder zwei Jungen), diese Energiereserven aber nach dem Ausfliegen rasch wieder abbauten.

Zum Zeitpunkt des Ausfliegens gleichen die meisten Papageienjungen weitgehend ihren Eltern, nur sind sie in der Regel etwas kleiner (wenn auch nicht immer leichter), weisen eine mattere Gefiederfarbe (bei manchen Arten auch einen dunklen Schnabel und eine dunkle Irisfärbung) und noch keine geschlechtsspezifischen Gefiedermerkmale auf. Farbige Abzeichen adulter Tiere sind bei Jungvögeln noch weniger ausgeprägt, manchmal fehlen sie zu Anfang ganz und entwickeln sich erst im Laufe der Jahre. Beispielsweise wirken junge Gelbkopfamazonen in den ersten Lebensjahren eher wie Gelbscheitelamazonen und bilden erst im 3. oder 4. Lebensjahr ihre charakteristische Gelbfärbung am Kopf aus. Umgekehrt kennen wir auch Fälle, in denen Jungvögel archaische Farbmerkmale tragen (zum Beispiel rote Stirnfärbung bei Schwarzohr- und Maximilianpapageien), die sich nach der Jugendmauser aber wieder vollständig verlieren.

Junge Zitronensittiche im Alter von zehn bis zwölf Tagen. Voll befiedert sind sie erst im Alter von etwa 35 Tagen, mit rund 40 Tagen verlassen sie die Nisthöhle.

Junge Keas weisen in ihrer Entwicklung eine Besonderheit auf, die sie nach bisherigem Kenntnisstand von allen anderen Papageien unterscheidet. Sie tragen auffällige gelbe Hautwülste an den Seiten von Ober- und Unterschnabel, die ein besonders weites Öffnen des Schnabels ermöglichen. Diese Wülste bilden sich gegen Ende der Nestlingszeit bis auf kleine gelbe Hautpartien zurück.

Aber auch bei Vögeln innerhalb derselben Gattung (und mit annähernd gleicher Körpergröße) sind durchaus Unterschiede in der Gewichts- und Körperentwicklung zu vermerken. So konnte beispielsweise bei den Unzertrennlichen nachgewiesen werden, dass Grauköpfchen gegenüber Rosenköpfchen oder Rußköpfchen eine deutlich verzögerte Entwicklung haben. Während bei Ersteren im Alter von 25 Tagen gerade die Dunenfedern und die

Die Reifung des Verhaltens

Häufig sind besonders „junge" Papageieneltern, also solche, die in einem sehr frühen Lebensabschnitt und erstmals Junge ausgebrütet haben, bei der Versorgung ihres Nachwuchses schlichtweg „überfordert". Die Folge ist, dass die schlüpfenden Jungen dann nicht angenommen und gefüttert werden und innerhalb weniger Stunden sterben. Bei den Nachfolgebruten treten dagegen in der Regel keine Probleme mehr auf und die Jungen werden meist adäquat aufgezogen.
Dieses Phänomen ist auf einen Vorgang zurückzuführen, der als Verhaltensreifung bezeichnet wird. Unter Reifung versteht man in der Verhaltensbiologie „die von Lernvorgängen unabhängige Entwicklung angepasster Verhaltensweisen, die bei ihrem ersten Auftreten noch nicht vollkommen ausgebildet sind" (Online-Lexikon der Biologie).

Federn an den Flügeln zu sprießen begannen, waren Ruß- und Rosenköpfchen in diesem Alter bereits weitgehend bedunt und mit fast vollständigem Flügelgefieder ausgestattet. Anders ausgedrückt: Die Grauköpfchen hatten im Alter von 25 Tagen ein Entwicklungsstadium erreicht, wie es bei den beiden anderen genannten Arten bereits um den 15. Lebenstag vorlag. Ein weiteres Beispiel für eine ungewöhnliche Entwicklungszeit ist der Kleine Vasapapagei. Während man mit Blick auf etwa gleichgroße Papageien aus anderen Teilen der Welt (Amazonenpapageien, Graupapageien, Edelpapageien) Entwicklungszeiten von etwa 55 bis 70 Tagen erwarten würde, sind Kleine Vasapapageien bereits mit etwa 36 Tagen vollständig befiedert und weisen damit eine stark verkürzte Entwicklungszeit gegenüber ähnlich großen Arten aus anderen Papageiengattungen auf. Eine ungewöhnlich kurze Nestlingszeit hat auch der australische Erdsittich, der bereits mit 18 bis 20 Tagen in der Lage ist, das Bodennest laufend zu verlassen und sich auf diese Weise vor Beutegreifern in Sicherheit zu bringen.

Die Verhaltensentwicklung

Als Nesthocker sind junge Papageien nach dem Schlupf vollständig auf die Fürsorge der Altvögel angewiesen. Zu Anfang kümmert sich das Weibchen fast rund um die Uhr um die Brut, während das Männchen zu diesem Zeitpunkt vor allem für die Versorgung des Weibchens und die Bewachung des Territoriums und der Bruthöhle zuständig ist. Der Fütterungsmechanismus wird in der Regel durch Bettellaute der Jungvögel ausgelöst. Wie bereits erwähnt, äußern die Jungen mancher Arten bereits vor dem Schlupf Stimmfühlungslaute und unmittelbar nach dem Schlupf feine Pieplaute, die dann oft in Abständen wiederholt werden. Sie treten anfangs eher spontan und ungezielt auf (zum Beispiel auch, wenn beide Altvögel gar nicht in Hörweite sind). Später werden sie durch Berührung oder Laute der Eltern ausgelöst. Diese Bettellaute veranlassen die Altvögel dann zum Herbeibringen von Futter. Die erste Fütterung nach dem Schlupf folgt manchmal bereits nach wenigen Stunden, oft aber erst am 2. Lebenstag, wenn die Jungen ihre Futterreserven (Dottersack) verbraucht haben. In den ersten Lebenstagen und -wochen sind die Altvögel nun fast ununterbrochen mit der Nahrungsbeschaffung beschäftigt. Zu Anfang übergibt das Männchen – wie beim Partnerfüttern während der Balz vielfach „erprobt" – dem Weibchen die vorverdaute Nahrung aus dem Kropf. Dieses wiederum füttert damit die Jungvögel. In einer späteren Entwicklungsphase wird auch das Männchen zunehmend aktiv und beteiligt sich direkt an der Aufzucht der Jungvögel (Ausnahmen siehe oben). Im Laufe der Entwicklung ändern sich die Verhaltensweisen der Jungvögel mehrfach. Aus feinem Piepen werden rhythmisch sich wiederholende, oft weithin hörbare Bettellaute. Aus dem eher passiven Futterempfangen wird ein forsches Futterfordern, dem die Eltern unermüdlich nachkommen. Bei der Futterübergabe verschränken die Altvögel ihren Schnabel mit dem der zu fütternden Jungen, die ihrerseits nun durch ruckartige Auf- und Abwärtsbewegungen den Futterbrei erbetteln und aus dem Kropf ihrer Eltern übernehmen.

Bei Arten, bei denen primär oder ausschließlich die Weibchen brüten, decken

Der riesige Schnabel der Hyazintharas erschwert das Partnerfüttern – und erst recht das Füttern der gerade geschlüpften Jungvögel.

diese auch ihren Eigenbedarf mit der vom Männchen für die Jungenfütterung erhaltenen Nahrung. Erst wenn die Jungen größer sind und nicht mehr so intensiv gewärmt und betreut werden müssen, verlassen sie die Nisthöhle gelegentlich und nehmen auch selbst wieder Futter auf.

Papageienjungvögel verlassen die Bruthöhle umso eher, je mehr Junge in einer Brut aufgewachsen sind. Einzelvögel bleiben dagegen nicht selten einige Tage über die normale Nestlingszeit hinaus in der Bruthöhle. Das Ausfliegen gestaltet sich von Art zu Art und von Individuum zu Individuum unterschiedlich. Oft locken die erwachsenen Tiere mit leisen, gutturalen

Die Fütterung von Hyazinthara-Jungen

Angesichts des riesigen Schnabels der Altvögel stellten sich Biologen und Vogelzüchter in der Vergangenheit des Öfteren die Frage, wie denn die Altvögel mit diesem großen Schnabel ihre Jungtiere in den ersten Lebenstagen zu füttern vermögen. Im Loro Parque auf Teneriffa wurde nun kürzlich mithilfe einer Nistkastenkamera der Fütterungsvorgang bei einem frisch geschlüpften Jungvogel beobachtet. Demnach wird das hochgewürgte Futter vom Weibchen einfach im Bereich des Schnabels über das bettelnde Jungtier „erbrochen". Dabei nimmt es einen Teil des Futters aktiv auf, aber das meiste geht daneben, sodass das Jungtier nach der Fütterung über und über mit Futter verschmiert ist. Dieses wird dann von den Elterntieren mit der Zunge wieder aufgesammelt. Nach der Fütterung wird das Junge perfekt „sauber geleckt", sodass nichts übrig bleibt oder verschwendet wird. Mit zunehmendem Alter des Jungvogels werden auch die Fütterungen genauer, bis dann der Schnabel des Jungvogels eine Größe erreicht hat, die ein gezieltes Füttern durch den Altvogel ermöglicht (Reinschmidt 2011).

Einzelne Jungvögel („Einzelkinder") verbleiben oft über die normale Nestlingszeit hinaus in der Nisthöhle und lassen sich weiterhin von beiden Elternteilen füttern – hier ein junger Goldbugpapagei.

Tönen stundenlang vor der Bruthöhle, ehe sich ein Junges am Höhleneingang blicken lässt oder gar hinauswagt, um dann vielleicht innerhalb kurzer Zeit wieder in der schützenden Höhle zu verschwinden. Es gibt andererseits auch Fälle, in denen die Jungtiere innerhalb weniger Stunden die Höhle verlassen und dann – wie auch die Altvögel – nicht wieder dorthin zurückkehren.

Von „Ausfliegen" im eigentlichen Sinne kann bei vielen Arten jedoch nicht die Rede sein. Zumindest nach den Beobachtungen von Volierenbruten verlassen Papageienjungvögel oft sehr unbeholfen ihren Brutbaum, klammern sich noch lange am Eingangsloch fest oder halten sich auf einem nahe gelegenen Sitzast oder auf dem Nisthöhlendach auf. Erst mit der Zeit

Kognitive Entwicklung

Unsere Kenntnisse über die Verhaltensentwicklung und die Sozialisation junger Papageien sind bislang mehr als lückenhaft. Dies gilt umso mehr für die Erforschung des kognitiven Verhaltens, deren bisherige Ergebnisse wir vor allem den Arbeiten von Irene Pepperberg an Graupapageien verdanken. Mildred Funk von der Universität in Illinois war die bisher erste Forscherin, die sich mit dem kognitiven Verhalten einer anderen Papageienart, nämlich dem des Springsittichs beschäftigt hat. Ausgangspunkt für die Wahl dieser Vogelart war vermutlich das ausgeprägte Explorationsverhalten, das auch elternaufgezogene, nicht gezähmte und nicht trainierte Vögel zeigen. Sie ging von der Annahme aus, dass Primaten und Vögel in ihrer frühen kognitiven Entwicklung bestimmte Übereinstimmungen aufweisen. Als Theorie legte sie das für Menschenkinder entwickelte Modell der kognitiven Entwicklung des Psychologen Jean Piaget zugrunde.

In Testreihen mit insgesamt elf Springsittichen, darunter fünf handaufgezogene und sechs elternaufgezogene Vögel, testete sie die Objektpermanenz, Problemlösungen mithilfe der „means-end-theory" („Mittel-zum-Zweck") und die räumlichen Fähigkeiten der Vögel. Kurz zusammengefasst ergaben sich für die Sittiche erstaunlicherweise bei den meisten Testreihen ähnliche Ergebnisse, wie sie auch Kinder unter zwei Jahren erzielen – mit einer hohen Stabilität der individuellen Unterschiede auch über Wochen hinweg. Die handaufgezogenen Vögel waren im Durchschnitt schneller und brauchten für Problemlösungen weniger Versuche als die elternaufgezogenen. Als Erklärung vermutete die Forscherin, dass handaufgezogene Vögel aufgrund ihrer Vertrautheit mit dem Menschen bei den Testreihen weniger abgelenkt waren als die Vögel der anderen Gruppe (Funk 1996a, b, 2002, Funk & Mattesen 2004).

werden ihre Bewegungen geschickter und nach einigen Tagen erlernen sie das Fliegen. Geschicktes Manövrieren in dem begrenzten Raum einer Voliere können die meisten Jungtiere erst nach einigen Wochen. Im Freiland gehört diese Phase zu den gefährlichsten im Leben eines Jungvogels, denn in dieser Zeit ist er zahlreichen Gefahren, unter anderem durch Beutegreifer, ausgesetzt.

Das Selbstständigwerden

Noch in der Nisthöhle beginnen die Jungvögel, ihren Schnabel und ihre Zunge an den faserigen Innenwänden oder an Nistmaterial zu erproben, lange bevor sie selbstständig Nahrung außerhalb der Nisthöhle aufnehmen. Nach heutigem Kenntnisstand bekommen lediglich Keas schon in der Nisthöhle Kontakt mit festen Futterbestandteilen. Nach Beobachtungen an

Springsittiche waren in der Vergangenheit mehrfach Studienobjekte in der Kognitionsforschung. Sie sind durch ihr ungewöhnliches Explorationsverhalten dafür gewissermaßen prädestiniert.

Volierenvögeln tragen Keaweibchen bereits feste Nahrung wie zum Beispiel Möhrenstücke in die Nisthöhle und beginnen sie dort zu zerkleinern und zu fressen. Die dabei herabfallenden Futterreste animieren die Jungvögel zum vorsichtigen Betasten, später auch zur ersten Nahrungsaufnahme.

Die meisten anderen Papageien beginnen erst außerhalb der Nisthöhle, nach dem Ausfliegen, mit der Erkundung von fester Nahrung. Sie bevorzugen bei diesen Versuchen zunächst weiches Obst (in Menschenobhut zum Beispiel Birnen, Pfirsiche, Bananen), milchreifen Mais, Eigelb und so weiter. Erst langsam gehen sie über gekeimte Saat und härteres Obst auch zu festem Futter (zum Beispiel „trockene" Körner) über. Die Aufnahme und das Entspelzen der Samen erlernen sie dabei wahrscheinlich durch Nachahmung von den Alttieren. In dieser Phase des vorsichtigen Erkundens von Nahrungsmitteln, Schäl- und Zerkleinerungstechniken werden die Jungen nach wie vor von den Eltern gefüttert. Oft betteln sie auch noch Wochen nach dem Selbstständigwerden ihre Eltern um Nahrung an, werden von diesen aber zunehmend abgewiesen.

Die anfängliche Nahrungsaufnahme der Jungvögel vollzieht sich fast ausschließlich mithilfe des Schnabels, indem sie den Kopf zur Nahrung (zum Futtergefäß) hinabführen und dort direkt fressen. Erst später gebrauchen sie auch die Füße dazu. Der erste Schritt ist das Festklemmen der Nahrung gegen eine Unterlage, später ergreifen viele Arten – besonders die sogenannten Großpapageien – die größeren Futterbrocken mit dem Schnabel, transferieren sie dann in einen Fuß und beißen Stück für Stück davon ab. Nicht alle Papageienarten sind dazu in der Lage. Die Fähigkeit des Fußgebrauchs wurde in der Frühzeit der Papageienethologie bereits zu taxonomischen Zwecken herangezogen. Die kleineren Sittiche, die Unzertrennlichen und die Sperlingspapageien erreichen ihre Selbstständigkeit mit etwa fünf bis sieben Wochen, die Großsittiche benötigen nach einer Nestlingszeit von fünf bis sechs Wochen noch drei bis vier weitere Wochen bis zur Selbstständigkeit. Die kleineren Großpapageienarten werden etwa in der 13. bis 15. Lebenswoche selbstständig, die größeren (mit längerer Nestlingszeit) entsprechend später. Aras und große Kakaduarten benötigen in der Regel vier bis fünf Monate, unter Umständen sogar knapp ein halbes Jahr, bis sie vollständig von den Eltern unabhängig sind.

Es hängt unter anderem von der jeweiligen Papageienart, ihrer sozialen Organisationsform, den Nahrungsgrundlagen und der Territoriumsgröße ab, ob und wie lange Alt- und Jungvögel nach dem Selbstständigwerden zusammenbleiben können. Kleinere Arten werden in Zeiten üppigen Nahrungsangebotes unmittelbar eine weitere Brut anschließen und deshalb die gerade selbstständig gewordenen Jungvögel aus der ersten Brut aus ihrer Nähe vertreiben. Andere dulden die Jungvögel auch während der zweiten Brut in ihrer Nähe.

Brutbiologische Daten einiger Papageienarten, Durchschnittswerte (Vogelgewicht, Eigröße und -gewicht nach Schönwetter 1964, Forshaw 1989, 2002, 2003, Gelegegröße, Brutdauer und Nestlingszeit nach verschiedenen Autoren)

Art	**Vogelgewicht** (in g)	**Eigröße** (in mm)	**Eigewicht** (in g)	**Vollgelege** (Eianzahl)	**Brutdauer** (in Tagen)	**Nestlingszeit** (in Tagen)
Wellensittich	28	18,1 x 14,8	2,15	4 bis 6	18	um 30
Glanzsittich	40	22,5 x 18,6	4,15	3 bis 5	18 bis 19	um 30
Rosenköpfchen	55	23,8 x 17,6	3,95	4 bis 5	21 bis 23	um 40
Pflaumenkopfsittich	75	25,0 x 20,3	5,5	4 bis 6	21 bis 23	um 48
Rosellasittich	105	27,0 x 22,0	7,05	4 bis 6	19 bis 21	um 35
Goldbugpapagei	110	27,0 x 24,0	8,35	3 bis 4	25 bis 27	um 60
Gelbmantellori	167	25,8 x 21,8	6,5	2	26 bis 28	um 70
Schwarzohrpapagei	234	33,8 x 25,6	12,0	4	26 bis 27	um 70
Venezuelaamazone	298	37,7 x 28,8	16,8	4 bis 5	25 bis 27	um 55
Rotbugara	307	38,7 x 31,7	21,0	4 bis 5	25 bis 28	um 56
Graupapagei	402	38,5 x 30,1	18,7	4 bis 5	28 bis 30	um 75
Edelpapagei	405	40,4 x 31,1	21, 0	2	28	um 75
Gelbhaubenkakadu	900	47,8 x 32,8	28,0	2 bis 3	28 bis 30	um 84
Grünflügelara	1050	50,0 x 35,4	34,0	2 bis 3	27 bis 28	um 103
Palmkakadu	1055	48,9 x 36,5	?	1	31 bis 33	um 100

Manchmal füttert das Männchen die noch nicht ganz selbstständigen Jungen aus der ersten Brut, während das Weibchen bereits wieder ein neues Gelege bebrütet. Bekannt ist eine solche „Verschachtelung" der Bruten vor allem von in Menschenobhut lebenden Sittichen und Kleinpapageien.
Bei der Haltung in Menschenobhut müssen Eltern mit Jungvögeln sorgfältig überwacht werden, um den Zeitpunkt des Trennens richtig abschätzen zu können. Nicht selten kommt es sonst vor, dass die Eltern ihre Jungen aus ihrem Umfeld zu vertreiben versuchen, was aufgrund der begrenzten Verhältnisse innerhalb einer Voliere aber nur schwer möglich ist. Ernsthafte Beißereien oder gar Verletzungen der Jungen durch die aggressiv werdenden Eltern sind dann keine Seltenheit und in der Züchterliteratur mehrfach beschrieben.

Sozialisation der Jungvögel und Subadulten

Über die Sozialisation von jungen und subadulten Papageien weiß man sowohl aus dem Freiland als auch von Volierenvögeln bislang nur sehr wenig. Bei Sperlingspapageien liegen die bislang umfangreichsten Untersuchungen zum sozialen System und zur Sozialisation der Jungvögel und Subadulten vor. Die Arbeitsgruppe um Ralf Wanker von der Universität Hamburg hat sich über lange Jahre mit der Sozialisation von Augenring-Sperlingspapageien beschäftigt und ist dabei zu überraschenden Ergebnissen gekommen. Nach kombinierten Volieren- und Freilandbeobachtungen verläuft der Sozialisationsprozess der Jungtiere in drei Phasen:
Die Jungtiere werden von den Eltern bereits relativ früh verdrängt und in einer „Kindergartenphase" mit Jungtieren anderer Paare zusammengeführt. Bis zum Alter von 40 Wochen stellten die Nestgeschwister die wichtigsten Partner dar, wobei die Beziehungen zwischen Brüdern und Schwestern wesentlich länger bestehen bleiben als zwischen Brüdern.
Auf die Phase stabiler Nestgeschwisterbeziehungen folgt eine Phase instabiler Beziehungen zu den Nestgeschwistern und ebenso zu nichtverwandten Gleichaltrigen. Danach folgen die Phase der Auflösung der Nestgeschwisterbeziehung und die Paarbildung mit einem nichtverwandten gleichaltrigen Jungtier des Gegengeschlechts. Einzeln aufgewachsene Jungvögel entwickelten alternative Sozialisationstaktiken, indem sie einerseits den Kontakt zu den Eltern verlängerten und andererseits schon frühzeitig nach dem Ausfliegen freundschaftlich-partnerschaftliche Kontakte zu einer nichtverwandten Nestgeschwistergruppe aufnahmen.
Die Ausbildung dieser lang anhaltenden Nestgeschwisterbeziehungen ist vermutlich die Folge eines frühen Eltern-Kind-Konfliktes, der hauptsächlich von den Elterntieren ausgeht. Dadurch können sich die Eltern auf die folgende Brutperiode vorbereiten, ohne zu viel Zeit mit ihren Jungen zu verbringen.
Bei den Rosakakadus liegen ebenfalls relativ gesicherte Freilanduntersuchungen zur Sozialisation der juvenilen und sub-

Junge Pfirsichköpfchen werden nach dem Ausfliegen in eine bestehende Gruppe integriert und lernen dort alle Notwendigkeiten des künftigen Lebens.

adulten Vögel vor. Der australische Ornithologe Ian Rowley fand heraus, dass adulte Rosakakadu-Paare sich zu Kleingruppen zusammenschließen, die gemeinsamen zur Nahrungs- und Wasseraufnahme fliegen und in unmittelbarer Nachbarschaft (gelegentlich sogar im gleichen Baum) brüten. Die ausfliegenden Jungtiere werden von den Eltern nach und nach zu einer Junggesellengruppe zusammengeführt, nicht selten mehrere Kilometer vom Neststandort entfernt. Hier werden sie nach wie vor von den Eltern mit Nahrung versorgt. Wenn die Jungtiere im Alter von etwa 100 Tagen selbstständig sind, werden sie von den Eltern verjagt und schließen sich zu Jugendschwärmen zusammen, die gemeinsam auf Nahrungssuche gehen und innerhalb ihres 1. oder 2. Lebensjahres auch gemeinsam aus dem Brutgebiet ihrer Eltern abwandern.

Eine weitere soziale Einheit der Rosakakadus sind die innerhalb eines größeren Gebietes nomadisierenden Schwärme, die sich aus zweijährigen Subadulten und aus älteren unverpaarten Individuen zusammensetzen. Hier bilden sich neue Paare, die anschließend auf die Suche nach geeigneten Nisthöhlen gehen.

Sozialisation von Pfirsichköpfchen – Volierenbeobachtungen

In einer Studie an Volierenvögeln wurde die Sozialisation fünf junger Pfirsichköpfchen aus zwei Bruten innerhalb einer Volierengruppe von sieben adulten Tieren beschrieben. Die Beobachtungen beginnen nach der etwa 38- bis 40-tägigen Nestlingsphase und enden im Alter von 75 beziehungsweise 82 Tagen der Jungen mit dem neuen Brutbeginn ihrer Eltern. Einer Zweiergruppe von Jungvögeln (Gruppe 1) mit einem Elternpaar stand ein „alleinerziehendes" Weibchen mit drei Jungen (Gruppe 2) gegenüber. Sozialisation und Verhaltensentwicklung beider Gruppen werden beschrieben und miteinander verglichen. Die Familienphase wird zu einem großen Teil im Nistkasten verbracht und endet mit dem Ablösen von den Eltern um den 55. Lebenstag. Von den ersten 40 Tagen bis zum Ausfliegen liegen bislang kaum Beobachtungen vor. Die darauffolgenden 15 Tage sind geprägt von zunehmendem Selbstständigwerden, selbstständiger Nahrungsaufnahme, Verminderung der Fütterungen durch die Eltern, Verminderung der sozio-positiven Kontakte zu den Eltern und Meiden des Nistkastens tagsüber. Etwa ab dem 56. Tag beginnt die Übergangsphase, die hauptsächlich von ersten vorsichtigen Kontakten zur „Außenwelt", dem Finden einer Rolle und Position innerhalb der Gruppe und der ersten Kontaktaufnahme zu anderen Jungvögeln (= potenziellen Geschlechtspartnern) geprägt ist. Diese Phase endet mit dem Ablösen von den Geschwistern, dem Meiden des Nistkastens auch nachts und dem Eingehen einer Paarbindung mit einem Partner aus einer anderen Gruppe um den 74. Lebenstag. Dann beginnt die dritte Phase, die Paarphase, die zunächst durch paarbindende und paarfestigende Elemente des jungen Paares gekennzeichnet ist.

Im Vergleich zu den weitaus besser untersuchten Rosenköpfchen ergaben sich nur wenige Unterschiede. Diese betreffen vor allem die Territorialität der Jungen am Nistkasten und in dessen näherer Umgebung. Familienphase, Übergangsphase und Paarphase finden bei beiden Arten zeitlich ein wenig versetzt statt (Lantermann & Dickmann 2010).

Die eigentliche Partnerwahl der Papageien ist bislang vor allem bei Wellensittichen systematisch untersucht worden. Dabei wurde festgestellt, dass junge Wellensittichweibchen schon früh ältere Männchen als Partner bevorzugen, obwohl sie zu Gleichaltrigen im Jugendalter eine enge soziale Beziehung hatten. Junge Männchen hingegen bevorzugen Weibchen, die bereits einen Nistkasten besetzt haben, ohne einen festen Partner zu haben. Weibchen verhalten sich zu Beginn der

Partnerwahl eher passiv. Sie werden von den Männchen umworben. Gefällt ihnen ein Partner nicht, so hacken sie mit dem Schnabel nach ihm oder bedrohen ihn. Sind sie mit dem Partner einverstanden, schnäbeln sie mit ihm oder beide kraulen sich gegenseitig das Gefieder.
Im Rahmen von Sozialisation und Paarbildung haben auch gemeinsame Übernachtungsplätze eine gewisse Bedeutung. Sie dienen zum einen sicherlich dem Schutz vor Beutegreifern, zum anderen stellen sie aber ebenso Informations- und Kommunikationsplätze dar. Sie haben somit auch eine soziale Funktion. Hier finden noch unverpaarte Individuen gegengeschlechtliche Paarpartner, daher wandern verpaarungsfähige Tiere aus dem Gebiet ihrer Eltern hierher ab. Kommunikationstreffpunkte stellen im Übrigen auch die schon erwähnten Lehm- beziehungsweise Mineralstoffwände in Südamerika dar, wo sich unter Umständen Hunderte von Papageien – auch verschiedener Arten – zu bestimmten Tageszeiten zusammenfinden.

Spielverhalten

Spielverhalten tritt bei Vögeln relativ selten auf. Man kennt es vor allem von einigen hochentwickelten Arten(gruppen), zum Beispiel Rabenvögeln, Greifvögeln und Papageien. Besonders gut untersucht ist das Spielverhalten von Keas. Aber auch von Grünflügelaras, Hyazintharas, Schmalbindenloris, Blaustirnamazonen, Weißstirnamazonen, Rosakakadus, Sperlingspapageien und einigen anderen Arten liegen Einzelbeobachtungen zum Spielverhalten vor. Es hat den Anschein, dass größere Papageienarten eher spielerisch veranlagt sind als kleinere Arten. Zumindest liegen in der Literatur fast ausschließlich Beobachtungen zum Spielverhalten von Großpapageien und Loris vor, während im Bereich der Sittich- und Kleinpapageienethologie für diesen Bereich noch große Kenntnislücken herrschen.
Besonders die jungen Papageien zeigen ein ausgeprägtes Spielverhalten. Es kommt aber in bestimmtem Umfang auch im Verhaltensrepertoire der Adulten vor. Wahrscheinlich tritt es bei in Menschenobhut lebenden Tieren häufiger und intensiver auf als im Freiland, wo Nahrungssuche und Feindvermeidung einen größeren Teil der Tageszeit beanspruchen. Dem Spiel fehlt der Ernstbezug, es ist lustbetont und wird aktiv angestrebt.
Beim Nahrungserwerb – die ersten Vorstufen sind bereits in der Nisthöhle zu registrieren – lernen die jungen Papageien die unterschiedlichsten Gegenstände und Nahrungsbestandteile kennen, die sie auch für erste Spiele und Ansätze von Werkzeuggebrauch benutzen (siehe Seite 59 ff.). Dabei kommt den Vögeln ihre morphologische Ausstattung mit sehr beweglichen Zehen und Füßen und einem damit eng korrespondierenden Schnabel entgegen, die ihnen die unter den Vögeln fast einzigartige Möglichkeit einräumen, Gegenstände zu manipulieren, zu drehen, zu wenden, zu zerbeißen, im Schnabel zu tragen oder mit den Füßen festzuhalten

und zu bewegen. Dies begünstigt die Exploration und das Spiel mit den unterschiedlichsten Gegenständen.
Im Sozialspiel erlernen die Jungvögel spielerisch Kampf-, Flucht- und Sexualverhaltensweisen als Vorbereitung auf den späteren „Ernstfall". Aus allen Funktionskreisen, auch solchen, die erst bei adulten Tieren vorkommen, werden körperliche Fähigkeiten eingeübt.
Seit Beginn der Untersuchungen zum Spielverhalten von Tieren hat man sich bemüht, griffige Kategorien zu dessen Beschreibung zu finden. Keller (1975) nimmt – in Anlehnung an Meyer-Holzapfel (1956, 1970) – folgende Einteilung des Spielverhaltens vor, die sich bis zur Gegenwart bewährt hat:

Solitärspiele	**Sozialspiele**
Bewegungsspiele	Initialspiele
Spiele des Nahrungserwerbs	Kampfspiele
Spiele mit Objekten	Jagd- und Versteckspiele Sexualspiele

Neuere Untersuchungen und Verhaltensvergleiche haben inzwischen ergeben, dass bei Papageien ein Zusammenhang zwischen der Körpergröße, der Gehirngröße, der Sozialstruktur und der Dauer der Verhaltensentwicklung einerseits und der Komplexität ihrer Sozialspiele andererseits besteht. Mit anderen Worten: Je größer die betreffende Art und deren Gehirn, je länger die Dauer der Verhaltensentwicklung und je ausgeprägter die sozialen Gruppenstrukturen bei einer Papageienart sind, desto komplexer gestalten sich in der Regel ihre Sozialspiele.

Solitärspiele

Bewegungsspiele sind vielfach gekennzeichnet durch eine „übertriebene Ausführung". Von den meisten untersuchten Arten ist das **Hangen** beziehungsweise **Kopfunterhängen** bekannt. Beim Hangen wird der Schnabel an einen Ast oder am Drahtgitter eingehakt, die Füße lassen los und das ganze Körpergewicht des Tieres hängt am Schnabel. Dabei sind gelegentliche Schaukel- und Strampelbewegungen zu beobachten. Beim Kopfunterhängen hält sich der Vogel mit den Füßen an einem waagerechten Gegenstand fest und lässt sich nach vorn fallen. Auch hierbei schaukelt er meist. Um sich in Schwung zu bringen, rollt der Vogel den Kopf ein und schnellt ihn dann wieder vor. Oft lässt zusätzlich noch ein Fuß los. Der Vogel dreht und wendet sich, bis er sich mit dem Schnabel wieder hochzieht.

Das **Schaukeln auf Schwingästen,** die an dünnen Ketten befestigt waren, konnte bei der Volierenhaltung von Keas und Blaustirnamazonen beobachtet werden. Durch das Anfliegen brachten die Tiere die Äste zum Schwingen und hielten sie danach durch mehrmaliges Verändern des Körperschwerpunktes in Bewegung.

Ein ausgeprägtes Neugierverhalten – hier bei einem Gelbbrustara – bildet unter anderem die Grundlage für Exploration und Spiel.

Einzigartig unter den bislang untersuchten Papageien ist das **Kopfstehen** und **Purzelbaumschlagen** der Keas. Dabei berührt der jeweilige Vogel mit dem Hinterkopf den Boden oder Sitzast, während er mit den Füßen balanciert. Dieses Kopfstehen geht in den meisten Fällen in einen Purzelbaum über: Der Vogel rollt nach vornüber und landet auf dem Rücken.

Abschließend sei noch das **Schauhüpfen** der Keas erwähnt. Dabei handelt es sich um ein Hüpfen auf beiden Beinen mit fast vollständig zurückgedrehtem Kopf, das bei adulten Tieren wahrscheinlich im Zusammenhang mit dem Territorialverhalten, bei Jungvögeln aber unabhängig von möglichen Eindringlingen (Rivalen, Pfleger) auftritt.

Spiele des Nahrungserwerbs kennt man bisher von den Keas des Zürcher Zoos und von einem Hyazinthara im Kölner Zoo. Die Keas im Zürcher Zoo verwendeten zum Beispiel Salat als Spielzeug. Sie zerrissen in kürzester Zeit einen in die Voliere gelegten Salatkopf in Stücke. Dabei wurde der Salat heftig hin und her geworfen, sodass er in hohem Bogen durch die Voliere flog. Die Fortsetzung des Spiels bestand darin, dass die einzelnen Salatblätter im Wasserbecken „gebadet" und anschließend in ein Erdloch gesteckt wurden, welches der Vogel zuvor mit dem Schnabel gegraben hatte.

Ein Kea hatte ein ganz individuelles Spiel erfunden: Er ließ Salatblätter und auch ab-

geschälte Baumrinde im Wasserbecken schwimmen. Hierzu ging er ganz langsam ans Wasser, legte ein Rinden- oder Salatstück sorgfältig mit dem Schnabel auf die Wasseroberfläche und versetzte ihm einen Stoß, sodass es wegschwamm. Hatte das Rindenstück eine gewisse Strecke zurückgelegt, lief der Kea seinem Spielzeug nach, fischte es wieder heraus, ging damit an Land und ließ es von dort wieder schwimmen. Dieser Vorgang wurde bis zu viermal wiederholt.
Ein Spiel, das ebenfalls in Zusammenhang mit dem Nahrungserwerb stand, konnte bei einem Hyazinthara beobachtet werden: Wurde dem Vogel eine Tüte mit Erdnüssen hingehalten, holte er sich zunächst einige heraus, um sie zu fressen. Aber schon nach wenigen Minuten nahm er keine Nüsse mehr auf, sondern fuhr nur mit dem wuchtigen Schnabel in die Tüte hinein und begann, den Inhalt herauszuwerfen. Mit der nächsten Bewegung schüttelte er die Tüte hin und her und schleifte sie durch den Käfig.

Bei allen bislang näher untersuchten Großpapageien konnten **Objektspiele** festgestellt werden, die in engem Zusammenhang mit dem Explorationsverhalten der adulten Tiere zu sehen sind. Keas – als ganz besonders neugierige Papageien – untersuchten sofort jeden ihnen unbekannten Gegenstand auf seine Fressbarkeit hin. Ungenießbares wurde zum Spielzeug. Es wurde im Gehege herumgetragen, weggeworfen, wieder aufgenommen und erneut herumgetragen. Auch das Fortbewegen von Gegenständen durch Ziehen (schwere Ketten) oder Stoßen mit dem Kopf (Trink- und Futternäpfe) sowie das Herstellen und Wälzen von Schneekugeln im Winter ist von Keas bekannt. Zu den Objektspielen bei Keas zählt auch das Hineinstecken eines Gegenstandes in eine Öffnung (zum Beispiel Salatblätter in Mauerspalten, leere Nussschalen in Wasserrohre und so weiter), sowie – in Rückenlage – das Balancieren eines Gegenstandes (zum Beispiel Ast) auf der Brust mithilfe der Füße.
Ein ähnlicher Vorgang ist für Schmalbindenloris beschrieben. Holzstücke, Knöpfe, Strohhalme, große Federn und vieles mehr wurden zunächst mit einem Fuß gepackt, dann drehte sich der Vogel auf den Rücken und streckte beide Beine samt Gegenstand in die Luft. Dieser wurde daraufhin zerbissen oder weggeworfen und wieder zurückgeholt. Wenn kein Spielobjekt vorhanden war, wurde der eigene Körper dazu benutzt. Ebenfalls auf dem Rücken liegend, versuchte der Vogel, mit dem Schnabel und dem Fuß die eigenen Schwingen zu fassen. Das gelang nur, wenn gleichzeitig der Kopf so weit wie möglich über die Brust gehoben wurde.

Kaum weniger neugierig präsentieren sich Ziegen- und Springsittiche. Beide Arten scheinen ein ausgeprägtes Explorations- und nur geringes Neophobieverhalten zu haben. Volierenbeobachtungen haben gezeigt, dass die Tiere innerhalb kürzester Zeit auf jeweils neu eingebrachte Gegenstände zugingen, sie mit dem Schnabel

Im Tierpark von Mönchengladbach beschäftigte sich ein Goffin-Kakadu mit einem Ei der in der gleichen Voliere untergebrachten Zwerghühner.

und der Zunge berührten und auf diese Weise erkundeten.

Grünflügelaras zeigen teilweise Spielverhaltensweisen, die denjenigen der Keas ähneln, wenn auch in weniger ausgeprägter Form. In einer Studie der Biologen Kurt und Gisela Deckert konnten die Tiere außerdem M-8-Maschinenschrauben, mit denen ihre Futtergefäße befestigt waren, mithilfe ihrer kräftigen Schnäbel lockern und schließlich abdrehen. Nicht immer gelang es den Tieren sogleich, die Verschraubung zu öffnen. Dann nahmen die Aras ein Stück Rinde, einen kleinen Zweig oder ein Blatt zur Hilfe, klemmten es zwischen Unterschnabel und Schraube und waren so in der Lage, das festgedrehte Gewinde zu lösen (siehe auch Seite 59 ff.) im Abschnitt Werkzeuggebrauch). Der männliche Grünflügelara konnte sogar Metallmuttern wieder aufdrehen, die nur wenig größer als das Schraubengewinde waren.

Aus einer anderen Beschreibung ist das Spiel eines Hyazintharas mit einem Plastikball bekannt. Außerdem erregten bewegliche Objekte sowie Fortbewegungsgegenstände wie Roller, Dreiräder, Kinderwagen und Karren, in denen er manchmal herumgefahren wurde, seine besondere Aufmerksamkeit. Ein Rosakakadu wurde dabei beobachtet, wie er einen Stein durch die Voliere rollte.

Dieses Interesse an rollenden oder fahrenden Gegenständen scheint vielen Großpapageien eigen zu sein und wird bei artistischen Darbietungen mit Papageien stets genutzt. Fast in jedem größeren amerikanischen Vogelpark werden dem Besucher sogenannte Papageienshows geboten, in denen auf Bällen balancierende Aras oder Kakadus auf Rollschuhen präsentiert werden.

Blaustirnamazonen und andere Papageien können sich stundenlang mit Ketten, Seilen, kleinen Holzstücken und Ähnlichem beschäftigen. Lange dünne Ketten wickeln sie mehrfach um Sitzäste und verankern sie so fest, dass sie nur unter Schwierigkeiten wieder zu entwirren sind. Augenring-Sperlingspapageien wurden im Anschluss an spielerisches Kämpfen beim gemeinsamen Beknabbern von Objekten beobachtet.

Ein Goffin-Kakadu wurde im Tierpark von Mönchengladbach dabei beobachtet, wie er viele Minuten lang mit einem Hühnerei von den in der gleichen Voliere gehaltenen Zwerghühnern am Boden hantierte, das Ei hin und her rollte, es mit Schnabel und/oder Füßen manipulierte und versuchte sich daraufzusetzen oder darüberzulegen (siehe Foto auf Seite 143).

Sozialspiele

Unter den sogenannten **Initialspielen** – Verhaltensweisen, die den verschiedenen Spielen vorausgehen oder sie unterbrechen können – konnten beim Kea vier Spielformen klar abgegrenzt werden. Die häufigste Form der Spielaufforderung war das steifbeinige Umhergehen vor dem Partner, wobei der Kopf gegen ihn gerichtet war. Eine Verstärkung dieser Spielaufforderung bestand im Fortschleudern von Gegenständen, die – im Gegensatz zum Solitärspiel – sehr auffällig vor dem Partnervogel aufgehoben und ungerichtet weggeworfen wurden. Als Einleitung zu den nachfolgend beschriebenen Kampfspielen war sowohl das Abwehren (Hochheben eines Fußes in Duckstellung und Berühren des Partners) als auch das Sich-auf-den-Rücken-Legen und Anschauen des Partners zu werten.

Kampfspiele kennen wir von Keas, Blaustirnamazonen, Weißstirnamazonen, Grünflügelaras und Schmalbindenloris. Keas zeigen Fußgefechte, bei denen sie mehrfach die Füße ineinander verkrallen, außerdem Schnabelgefechte, Schnabelhakeln und schließlich – als stärkste Form des Kampfspieles – das Hahnenkampfspiel, bei dem beide Gegner flügelschlagend aneinander hochsteigen und mit dem Schnabel und den Füßen gleichzeitig fechten. In einer Kea-Gruppe wurden Spiele mit starker Kampfintention nur für ganz kurze Zeit, die mit niedrigerem Kampfniveau länger durchgeführt. Offenbar wurde damit ein Überspringen auf den Ernstkampf, dem die genannten Elemente entnommen sind, vermieden.

Zwei junge Weißstirnamazonen zeigten im Spiel verschiedene Elemente des agonistischen Verhaltens, und zwar vorwiegend Kampfspiele, die unter anderem mit Fußheben, Drohgähnen, spielerischem Beißen und spielerischen Fußgefechten verbunden waren. Aus dem Bereich des partnerschaftlichen Verhaltens wurden soziale Gefiederpflege, Schnäbeln und Vorstufen des Kopulationsverhaltens beobachtet. Grünflügelaras lieferten sich ebenfalls Fuß- und Schnabelgefechte, hielten sich gegenseitig die Schnäbel mit den Zehen zu und schubsten sich mit Stirn und Kopfoberseite. Erwähnenswert an diesem Spielbalgen, bei dem die Vögel oft die unterschiedlichsten Körperhaltungen einnahmen, waren die an- und abschwellenden Knurrlaute, die sie dabei äußerten. Auffällig bei diesen Spielformen war, dass sich die Dominanzverhältnisse zwischen den Vögeln beim Kampfspiel auch umkehren konnten. Das gewöhnlich dominante Männchen übernahm vielfach die Rolle des Unterlegenen.

Schmalbindenloris zeigen im Kampfspiel eine Reihe von Elementen, die in ähnlicher Form im Ernstkampf vorkommen, zum Beispiel das Fußbeißen, Flügelbeißen oder Schwanzpacken. Oft hängen dazu beide beteiligten Tiere mit nur einem Bein an einem Sitzast und versuchen, sich mit großer Schnelligkeit gegenseitig in den Fuß zu beißen und gleichzeitig den Schnabel des Gegenübers abzuwehren. Um das Gleichgewicht besser zu halten, werden die Flügel abgespreizt oder ganz aufgespannt. Meist fällt nach einiger Zeit ein Tier vom Ast und setzt damit dem Spiel ein Ende.

Jagd- und Versteckspiele kennen wir wiederum vom Kea, vom Grünflügelara und von der Blaustirnamazone. Alle beobachteten Tiere verteilten nach der Fütterung einen Teil ihrer Nahrung in der Voliere, jagten hinterher und versuchten, sich die „erbeuteten" Nahrungsstückchen wieder abzujagen. Hatten zwei Tiere gleichzeitig einen Gegenstand oder ein Futterstück erwischt, zerrten beide daran und jedes Tier versuchte, die „Beute" auf seine Seite zu ziehen.

Im Zusammenhang mit Jagdspielen trat bei Keas auch das Sich-Verstecken auf. Dabei zog sich ein Tier an einen Platz zurück, wo es von keinem anderen gesehen werden konnte. Aber nach kurzer Zeit schaute es wieder um die Ecke, um sich den anderen in Erinnerung zu bringen und deren Treiben zu beobachten.

Von den **Sexualspielen** der Papageien liegen so gut wie keine Kenntnisse vor. Lediglich bei Keas konnten zwei Spielelemente festgestellt werden, die eindeutig dem Funktionskreis des Sexualverhaltens entstammen. So kam es im Zusammenhang mit dem Kampfspiel vor, dass ein Tier auf den Rücken des Partners sprang, was immer dann als reines Sexualspiel gewertet wurde, wenn gleichzeitig keine Elemente des Drohverhaltens hinzukamen.

Das sogenannte Tanzen, ein Hüpfen am Ort mit Anblicken des Partners, wurde als Sexualspiel aus dem Funktionskreis der Balz bewertet. Bei verschiedengeschlechtlichen Vögeln kam es zwischen Verfolgungsjagden auch zum Wechsel zwischen dem beschriebenen Springen und dem Tanzen.

Freilandbeobachtungen bei so seltenen Arten wie diesem Blaukopfara sind sehr schwierig.

Verhalten der Papageien in Raum und Zeit

Das Verhalten der Tiere im Freiland spielt sich nicht im „leeren“ Raum ab, sondern vollzieht sich in einem bestimmten Gebiet, in einem bestimmten Zeitrahmen, im Zusammenspiel beziehungsweise in Konkurrenz mit Artgenossen und anderen Arten und im Angesicht von Beutegreifern, Nesträubern, Naturkatastrophen und mittlerweile auch vor dem Hintergrund massiver anthropogener Eingriffe. Die folgenden Ausführungen streifen kurz einige ökologische Zusammenhänge im Freileben der Papageien. Dabei sind einige inhaltliche Überschneidungen mit den vorangegangenen Abschnitten unvermeidlich.

Der Aktionsraum

Die Häufigkeit, Ausbreitung und Raumnutzung der Tiere ist primär abhängig von den jeweils vorhandenen Ressourcen wie Geschlechtspartnern, Nisthöhlen, Nahrungsquellen und den Gefahren durch Konkurrenten und Feinddruck. Dabei ist zwischen dem Aktionsraum (= home range) und dem eigentlichen Revier oder Territorium zu unterscheiden. Der Aktionsraum ist der gesamte genutzte Lebensraum einer Art, das Revier oder Territorium stellt das von einem Paar oder einer Gruppe gegen andere Artgenossen durch Revierverhalten verteidigte Gebiet dar, in dem die darin enthaltenen Ressourcen gesichert werden. Ganz allgemein ist anzunehmen, dass bei Papageien nur ein eng begrenztes Gebiet im Umfeld der Nisthöhle(n) als eigentliches Territorium oder Revier eines Paares oder einer Gruppe anzusehen ist. Nahrungs- und Badeplätze sowie Orte, an denen die Tiere Mineralstoffe zu sich nehmen, sind zwar lebenswichtige Anlaufstellen, müssen aber nicht zwangsläufig innerhalb der engen Reviergrenzen liegen und werden meist nicht ausschließlich von einem Brutpaar genutzt. Sie gehören somit in der Regel zum Aktionsraum.

Auch in Menschenobhut nehmen Papageien und Sittiche Erde und Sand zu sich, um ihren Mineralstoffhaushalt zu decken.

Geophagie bei Papageien

Spektakulär sind die Ansammlungen von Papageien an den sogenannten Barreiros oder Colpas in Südamerika, den Stellen, wo sie lehm- und mineralstoffhaltige Erde zu sich nehmen, um vermutlich ihren Mineralstoffhaushalt auszugleichen und um Giftstoffe, die sie mit bestimmten Pflanzen aufnehmen, zu neutralisieren. Dieses Verhalten wird als Geophagie bezeichnet.
Im Tambopata-Nationalpark in Peru gehört das allmorgendliche Spektakel der in großen Gruppen an einem solchen Platz eintreffenden Papageien zu den herausragenden Touristenattraktionen.
In einer wissenschaftlichen Studie wurde nun festgestellt, dass die verschiedenen Papageiengruppen über den Tag verteilt eintreffen: Am frühen Morgen kommen Gelbscheitelamazonen und Braunkopfsittiche, wenig später folgen Schwarzohrpapageien, danach Mülleramazonen, Goldwangenpapageien und Rotbugaras. Am Vormittag folgen Hellrote und Grünflügelaras, am frühen Nachmittag Tuisittiche.

Schwarzohrpapageien bilden Gruppen bis zu etwa 50 Individuen, die kleineren Sittiche meist Gruppen bis zu 20 Tieren. Die beiden großen Araarten bilden Gruppen von bis zu 40 Vögeln. Sie verjagen mit ihrem Eintreffen meist die übrigen Papageien und fressen für sich allein. Die durchschnittliche tägliche Verweildauer an diesem Standort lag zwischen 28 Minuten für Gelbscheitelamazonen und 47 Minuten für Tuisittiche (Burger & Gochfeld 2003).

Die Territorien der allermeisten Papageienarten sind im Hinblick auf Größe und „Qualität" bislang kaum bekannt. Das liegt zum einen daran, dass ein größerer Teil aller Arten Waldbewohner ist, deren „Verkehrswege" für die allermeisten Forscher – trotz des technischen Einsatzes von Telemetrie – bislang weitgehend unbekannt geblieben sind. Die steppen- und savannenbewohnenden Arten sind dagegen überwiegend auf tägliche längere Flüge zwischen Nahrungsgründen, Bruthöhlen, Übernachtungsplätzen und Wasserstellen angewiesen, sodass auch bei diesen Arten nicht klar ist, wie weit ihr Aktionsraum reicht und wo das eigentliche Territorium genau beginnt. Einige wenige Arten beschränken ihren Aktivitätsrhythmus auf den engen Bereich rund um ihre Bruthöhle und bewachen sie über einen längeren Zeitraum im Jahr, wobei die Männchen in einem größeren Bereich auf Nahrungssuche gehen (zum Beispiel die Edelpapageien der australischen Unterart). Bei diesen Arten kann man am ehesten von einem Territorium sprechen.
Einige Forscher haben die Populationsdichte (Individuen pro Flächeneinheit) der von ihnen untersuchten Arten ermittelt. So fand beispielsweise der Verhaltensfor-

scher Dieter Rinke von der Universität Bielefeld bei Pompadoursittichen auf der Tonga-Insel `Eua eine Dichte von 32 bis 51 Sittichen pro Quadratkilometer in den schwer zugänglichen Wäldern der Ostküste, mit abnehmender Tendenz in Richtung menschlicher Siedlungen und Aktivitäten. Einen deutlich größeren Gebietsanspruch hat der australische Erdsittich. Dessen durchschnittlich genutztes Gebiet umfasst 8,7 Hektar pro Tier (etwa elf Tiere pro Quadratkilometer), wobei Subadulte mit durchschnittlich 14 Hektar (etwa sieben Tiere pro Quadratkilometer) ein größeres Territorium bewohnen als adulte Tiere mit 6 Hektar (etwa 16 Tiere pro Quadratkilometer). Für Hellrote Aras und Grünflügelaras in Peru wurde eine Populationsdichte von 1,6 bis 2,3 Individuen pro Quadratkilometer errechnet. Diese Zahlen sagen für sich genommen allerdings zunächst nur wenig aus, denn sie müssen im Zusammenhang mit den übrigen Daten (Lebensraumqualität, Ressourcen, Nisthöhlen, Konkurrenz) betrachtet werden.

An dieser Stelle stellt sich auch die Frage, nach welchem Muster sich die Aufteilung von geeigneten Lebensräumen unter konkurrierenden Altvögeln und unter den Jungvögeln vollzieht. Manche Papageienarten vertreiben ihre Jungvögel unmittelbar nach Erreichen ihrer Selbstständigkeit, andere dulden ihren Nachwuchs noch einige Zeit in ihrer Nähe, wiederum andere integrieren ihre Jungen dauerhaft in einen bestehenden Schwarm oder eine Familiengruppe. Die Mechanismen, die diese „Verteilung der Tiere im Raum" regeln und mit den vorhandenen Ressourcen in Korrelation setzen, sind für Papageien nur ansatzweise bekannt. Die bisher aussagekräftigsten Langzeitdaten hat der australische Papageienforscher Ian Rowley für Rosakakadus ermittelt. In seinem Studiengebiet in Westaustralien erreichten nur 14 Prozent aller beobachteten (und markierten) Kakadus die Geschlechtsreife von drei Jahren. Nur 1,4 Prozent von ihnen (in diesem Fallbeispiel 13 Vögel) brüteten im Forschungsgebiet (von etwa 10 Quadratkilometer Größe), alle übrigen erreichten entweder die Geschlechtsreife nicht oder wanderten ab und besetzten andere potenzielle Brutgebiete.

Amazonen der Großen und der Kleinen Antillen im karibischen Meer haben abhängig vom Feinddruck ein unterschiedliches Sozialverhalten. Hier im Bild eine Blaukronenamazone im Weltvogelpark Walsrode – ursprünglich in der Dominikanischen Republik beheimatet.

Grünwangenamazonen, Halsbandsittiche, Große Alexandersittiche und Mönchsittiche sind die bekanntesten Neozoen, die sich außerhalb ihrer natürlichen Verbreitungsgebiete etabliert haben. Hier im Bild sind Mönchsittiche im Stadtgebiet von Torremolinos (Spanien) zu sehen.

Die Größe eines geeigneten Lebensraumes, seiner Ressourcen und des dort vorhandenen Feinddrucks hat naturgemäß auch Auswirkungen auf die Gruppengröße und das Verhalten. So fanden verschiedene Forscherteams zum Beispiel bei den Amazonenpapageien der Großen und Kleinen Antillen im karibischen Meer und den Festlandarten Unterschiede im Sozialverhalten (Sozialität). Demnach waren die vier großen Amazonenarten der Kleinen Antillen (Königs-, Kaiser-, Blaukopf- und Blaumaskenamazone) deutlich weniger „sozial" als die Arten der Großen Antillen und der meisten Festlandarten. Erstere leben im Freiland häufig als Einzeltiere, in Paaren oder kleinen Familienverbänden zusammen, nisten in größeren Entfernungen voneinander und die beiden Geschlechter füttern ihre Jungtiere zum Teil unabhängig voneinander, wogegen viele andere Amazonenarten (Arten der Großen Antillen und des Festlandes) sich oft zu Großgruppen zusammenschließen, in relativer Dichte zueinander brüten und beide Geschlechter ihre Jungen in enger Kooperation aufziehen.

Bei der Frage nach ökologischen Faktoren, die Ursache dafür sein könnten, stießen die Forscher auf einen unterschiedlichen Feinddruck durch Greifvögel. Es wurde deutlich, dass die Kleinen Antillen fast frei von großen Greifvögeln sind, die den großen Amazonen gefährlich werden könnten. Die Arten der Großen Antillen und die Festlandamazonen werden dagegen regelmäßig mit großen Greifern wie Rotschwanzbussard, Wanderfalke sowie verschiedenen Habicht- und Sperberarten konfrontiert. Das führt bei den betroffenen Arten zu einer Vergrößerung der Gruppenstärke, die eine bessere Sicherheit vor diesen Beutegreifern gewährleistet.

Nicht unerwähnt bleiben soll die Ausbreitungstendenz mancher Papageienarten in sekundären Lebensräumen mit geeignetem Klima und Nahrungsangebot. So kennen wir inzwischen florierende Gruppen von Grünwangenamazonen in Florida, Mönchsittichen in New Jersey und Andalusien und Halsbandsittichen in vielen Teilen Mitteleuropas. Hier vermittelt das genaue Studium des „Einnischungsprozesses" die Integration in die lokale Avifauna sowie die Konkurrenz mit oder die Verdrängung von angestammten Arten und gibt tiefere Einblicke in die Funktionsmechanismen von Ökosystemen durch die Zuwanderung oder (un)beabsichtigte Einbürgerung von Neozoen.

Die Zeitachse

Die Zeitachse im Verhalten von Tieren lässt sich unter verschiedenen Blickwinkeln betrachten, so zum Beispiel im Hinblick auf die tageszeitliche Aktivitätsverteilung (siehe Seite 38 f.), die saisonale oder jahreszeitliche Aktivitätsverteilung und schließlich auch die lebenszeitliche Zeitachse.
Die tageszeitliche Aktivitätsverteilung der Papageien ist bislang nur für wenige Arten detailliert untersucht. Grob verallgemeinernd kann man sagen, dass Hauptaktivitätspeaks bei vielen Arten am frühen Morgen und am frühen bis späten Nachmittag liegen. Dann zeigen sich die Tiere am aktivsten, pflegen soziale Kontakte und begeben sich auf Nahrungssuche. Oft verlassen die Tiere frühmorgens ihre Übernachtungsbäume oder Bruthöhlen, manche Arten fliegen dann zu ihren Nahrungsgebieten, die mehr oder weniger weit entfernt liegen können, nehmen zunächst Nahrung auf, ruhen dann dort für einige Stunden, suchen am Nachmittag erneut Nahrung und fliegen am frühen Abend zu ihren Revieren zurück. Andere verbringen den Tag abwechselnd nahrungssuchend und ruhend in der Nähe ihres Brutplatzes.
Die jahreszeitlichen Aktivitätsmuster sind bei vielen Papageien sehr ähnlich. Ganz grob lässt sich der Jahresrhythmus in eine Neutrale Phase, eine Brutphase, eine Sozialisationsphase und eine Übergangsphase (die auch die Mauserzeit einschließt) einteilen. Der jährliche Aktivitätsrhythmus der Vögel wird vor allem durch das Brutgeschehen beeinflusst. Denn zu dieser Zeit müssen auch die Langstrecken-Wanderer entweder immer bei ihrem Nachwuchs präsent sein, um regelmäßige Fütterungen gewährleisten zu können. Oder sie brauchen zeitweise eine andere Strategie, um die Versorgung des Nachwuchses sicherzustellen, sei es, dass sie Brutzeiten wählen, in denen Futter überreichlich und in der Nähe des Nistplatzes verfügbar ist, sei es, dass bestimmte Papageienarten ihre Jungen nur zweimal täglich füttern, oder sei es, dass beide Geschlechter unterschiedliche Anteile (und Entfernungen zu Futterstellen) zur Versorgung ihrer Jungen bewältigen.
Natürlich haben vor allem die Jahreszeiten – zumindest dort, wo sie sich deutlich voneinander unterscheiden und verschiedene Klimate und Futterangebote damit verbunden sind – einen nicht unerheblichen Einfluss auf das Verhalten der Papageien. Brutzeiten fallen häufig in Regenzeiten oder in Zeiten der Fruchtreife bestimmter Bäume und Pflanzen. In einer Studie über das Brutverhalten von Rußköpfchen im Sambia zeigte sich, dass Nestbau und Jungenaufzucht vorwiegend in Regenzeiten und bei maximalem Nahrungsangebot stattfanden und mit Beginn der Trockenzeit wieder zurückgingen. Bei der vom

Aussterben bedrohten Population des Großen Soldatenaras *(Ara ambigua guayaquilensis)* in West-Ecuador war zu beobachten, dass sie während der Brutzeit (im Winterhalbjahr) ein verborgenes Leben in den Baumwipfeln führten und dort die relativ reichlich vorhandenen Nahrungsquellen nutzten, während sie sich im Sommerhalbjahr durch ein mehr nomadisches Leben die oft knappen und weit auseinander liegenden Nahrungsquellen erschließen mussten.

Die Betrachtung der lebenslangen Zeitachse eines Papageienpaares zielt zum einen auf die Lebenserwartung und Länge der Fortpflanzungsfähigkeit, zum anderen auf die Reproduktionsbilanz ab. Papageien gelten im Allgemeinen als Vögel, die relativ alt werden, und zwar in der Regel umso älter, je größer eine Art ist (Kakadus bilden eine Ausnahme von dieser Regel, siehe unten). Auch werden in Menschenobhut lebende Papageien im Durchschnitt älter als frei lebende Vögel. Demnach werden viele der kleineren Papageien und Sittiche – zumindest in Menschenobhut – durchaus zehn bis 15 oder gar 20 Jahre alt, wogegen Amazonen, Graupapageien und große Araarten leicht die 30- bis 40-Jahresmarke übersteigen und manche Kakadus laut Literatur sogar noch deutlich älter geworden sind. So lebte ein Molukkenkakadu im Zoo von San Diego 65 Jahre, ein Inkakakadu im Zoo von Chicago 63 Jahre und ein Gelbhaubenkakadu im Londoner Zoo 57 Jahre.

Im Freiland sind Papageien häufig bis an ihr Lebensende reproduktionsfähig (fallen

Zu den Papageienarten, die in Menschenobhut ein hohes Lebensalter erreichen, gehören vor allem die meisten Kakaduarten (hier im Bild Rosakakadus). Im Freiland ist ihre Lebensdauer aufgrund von Feinddruck, Nahrungsknappheit und so weiter meist deutlich geringer.

Fortpflanzungsstrategien

Ganz allgemein unterscheiden die Biologen im Fortpflanzungsgeschehen von Tieren die sogenannten r-Strategen und die K-Strategen. Als r-Strategen unter den Vögeln gelten solche Arten, die viele Eier legen und daraus viele Jungtiere und gegebenenfalls mehrere Bruten im Jahr aufziehen, um mit dieser hohen Wachstumsrate (r) den vorhandenen geeigneten Lebensraum möglichst schnell zu besiedeln.

Demgegenüber stehen die K-Strategen, die nur wenige Eier legen, eventuell nicht einmal in jährlichen Abständen brüten, dann aber viel Energie in die Aufzucht und Bewachung ihrer wenigen Jungvögel (oder sogar nur eines einzigen Jungvogels) legen, sodass diese mit hoher Wahrscheinlichkeit ihr Fortpflanzungsalter erreichen. Diese Fortpflanzungsstrategie findet man meist bei langlebigen Tierarten, deren Lebensraum in der Regel bereits seine Kapazitätsgrenze (K) erreicht hat, sodass höchstens ein langsames Populationswachstum erforderlich ist. Hier geht es primär darum, die Individuenzahl pro Flächeneinheit nur langsam ansteigen zu lassen oder sogar nur auf etwa gleichem Level zu halten, dafür aber durch hohes elterliches Investment in die „Qualität" der Jungtiere zu investieren (MacArthur & Wilson 1967, Krebs & Davies 1996).

Papageien gelten – abgesehen von einigen kleineren Arten – im Allgemeinen als K-Strategen. Sie sind langlebig und produzieren – von wenigen Ausnahmen abgesehen – in der Regel nur geringe Nachkommenzahlen pro Jahr, die eine verhältnismäßig lange Nestlingszeit haben, eine noch weit darüber hinausgehende elterliche Fürsorge benötigen und erst spät die Geschlechtsreife erlangen (Voss 2009).

aber mit zunehmendem Alter zum Beispiel leichter Beutegreifern zum Opfer). Papageien in der geschützten Umgebung einer Voliere können aber durchaus in ein Alter kommen, in dem sie nicht mehr fortpflanzungsfähig sind. So wird in einer repräsentativen Studie zum Höchstalter von Papageien berichtet, dass einige Paare großer Papageienarten (Dunkelroter Ara, Nacktaugenkakadu und Edelpapagei) vier bis fünf Jahre vor ihrem Tod altersbedingt nicht mehr zur Fortpflanzung schritten.

Die Lebensbilanz des Reproduktionsgeschehens zielt auf die Frage nach dem Gesamt-Fortpflanzungserfolg ab. In der Theorie sollte es genügen, wenn ein Papageienpaar im ganzen Leben wiederum nur zwei Jungvögel aufzieht, die schließlich die Geschlechtsreife erlangen und sich wiederum fortpflanzen, wenn das Elternpaar eines Tages stirbt oder sich nicht mehr fortpflanzen kann. Dann wäre der Sicherung des Artbestandes auf dem gegenwärtigen Populationslevel Genüge getan. Wie diese Fortpflanzungsbilanz aber in Wirklichkeit aussieht, ist wahrscheinlich für

keine Papageienart verlässlich bekannt. Allerdings liegen Daten von einigen Arten vor, die erkennen lassen, dass bei den meisten Tieren jeweils nur wenige Jungvögel letztlich die Geschlechtsreife erlangen und zur Fortpflanzung kommen.
Bei Studien zur Brutbiologie des Ouvea-Hornsittichs aus Neukaledonien umfassten die Gelege im Durchschnitt 2,9 Eier, aus denen durchschnittlich 1,65 Jungtiere schlüpften. Nach 30 Tagen lebte aber nur noch (statistisch betrachtet) weniger als ein Jungtier (0,75) pro Nest. Weitere Verluste in späteren Zeiten wurden nicht dokumentiert, sind aber nicht unwahrscheinlich. Gründe für diese hohe Jungensterblichkeit lagen zum einen darin, dass das jeweils drittgeschlüpfte Küken oft nicht groß wurde, zum anderen, dass Greifvögel als Prädatoren der Jungen in Erscheinung traten. Gemessen an diesen Daten bräuchten die Hornsittichpaare auf Ouvea statistisch gesehen also mindestens drei Bruten, um zwei Jungvögel aufzuziehen und über die 30-Tage-Marke hinweg zu retten. Da die durchschnittliche Nestlingszeit aber mit 43 Tagen angegeben wird und gerade auch die Zeit des Ausfliegens herbe Verluste unter den Jungvögeln mit sich bringen kann, ist diese Rechnung wahrscheinlich noch geschönt. Bei Rosakakadus in Westaustralien lag die jährliche Rate von erfolgreich aufgezogenen Jungvögeln pro Nest über einen Zeitraum von acht Jahren zwischen 1,29 und 2,19 (Durchschnitt: 1,92 – also knapp zwei Jungvögel pro Paar und Jahr) bei einer durchschnittlichen Gelegegröße von 4,3 Eiern pro Gelege. Die Sterblichkeit der ausgeflogenen Jungvögel war überaus hoch: Nur knapp 20 Prozent wurden zwei Jahre alt, maximal 14 Prozent erreichten die Geschlechtsreife mit drei Jahren.

Neben den Loris, Feigenpapageien, der Tucumanamazone und einigen anderen Arten gehört auch der Helmkakadu, der bevorzugt Eukalyptussamen zu sich nimmt, zu den Nahrungsspezialisten.

Die Konkurrenz

Bei der Betrachtung der inner- und zwischenartlichen Konkurrenz spielt zunächst die Konkurrenz unter Artgenossen eine erhebliche Rolle. Die wichtigsten Faktoren sind hier Konkurrenz um Nahrung, Geschlechtspartner und Nistplätze. Viele Studien belegen, dass Papageien manche Strategien entwickelt haben, um bei ausreichender Ressourcenlage die Nahrung, die Geschlechtspartner und die Nisthöhlen untereinander „aufzuteilen“ oder andernfalls um dieselben zu konkurrieren. Viele Verhaltensweisen des Imponierens, des Partner-, Kampf- und Abwehrverhaltens, die schon zuvor beschrieben wurden, dienen dazu, Partner zu umwerben, Nisthöhlen zu besetzen, Reviere zu verteidigen – oder durch bestimmte ritualisierte Verhaltensweise dem Stärkeren den Vortritt zu lassen und möglichst schadlos den Rückzug anzutreten.

Eine besondere Rolle in diesem Zusammenhang spielen auch die gelegentlich zu beobachtenden „Satellitenmännchen“, die auf ungewöhnliche Weise ebenfalls zum Fortpflanzungserfolg in einer Population beitragen können (siehe Seite 98).
Zum anderen wirkt ein fortwährender interspezifischer (zwischenartlicher) Konkurrenzdruck um Nahrung und Nisthöhlen auf viele Arten ein. Denn nicht nur Artgenossen konkurrieren um Nisthöhlen und verfügbare Nahrung, sondern auch andere, im gleichen Gebiet lebende Papageienarten sowie andere Vogelarten mit ähnlichen Habitat- oder Nahrungsansprüchen und sogar bestimmte Säugetierarten beanspruchen ähnliche Schlaf- und Nisthöhlen und/oder ähnliche Nahrungsbestandteile.

Papageien werden zu den sogenannten K-Strategen gerechnet. Diese erreichen in der Regel ein hohes Lebensalter und investieren viel Zeit und Energie in die Aufzucht ihrer wenigen Jungvögel – hier im Bild ein männlicher Chinasittich (Lebenserwartung 20 bis 25 Jahre).

Dabei sind die Arten klar im Vorteil, die sich nicht nur auf einige wenige Pflanzen-, Frucht- oder Getreidearten als Nahrung spezialisiert haben, sondern Nahrungsgeneralisten sind. Sie finden meist vielerorts und zu unterschiedlichen Jahreszeiten genügend Nahrung, müssen sie aber in der Regel auch mit anderen Generalisten teilen. So wurde beispielsweise bei einer Studie an Rußköpfchen in Sambia festgestellt, dass die Vögel mit 40 anderen Vogelarten um ihre bevorzugte Nahrung konkurrierten.

Nisthöhlenkonkurrenz zwischen zwei Kakaduarten

In Australien kommen gebietsweise Inka- und Rosakakadus sympatrisch vor. Beide Arten beginnen gleichzeitig mit dem Brutgeschäft und da Nisthöhlen knapp sind, kommt es vor, dass Paare beider Arten zunächst ihre ersten Eier (die noch nicht bewacht werden) in die gleiche Nisthöhle legen. Bei der späteren Auseinandersetzung um diese Höhlen unterliegen meist die kleineren Rosakakadus und die Inkakakadus bebrüten dann ein Mischgelege (mit in der Regel einem Rosakakadu-Ei). Diese Rosakakadu-Jungen werden dann nach dem Schlüpfen auf die Inkakakadus geprägt und erlernen Teile ihres Verhaltens. Sie fliegen auch nach Eintritt der Geschlechtsreife mit Inkakakadus, erlernen Teile ihres Lautrepertoires, nutzen dieselben Nahrungsquellen und zeigen weitere für Inkakakadus spezifische Verhaltensweisen. Die Bettel- und Alarmrufe scheinen dagegen stärker genetisch determiniert (angeboren) zu sein, denn sie bleiben in der spezifischen Form der Rosakakadus erhalten (Rowley & Chapman 1986).

Demgegenüber stehen die Spezialisten, die nur eine oder wenige Pflanzen oder deren Früchte zu ihrer Hauptnahrung zählen, wie zum Beispiel die argentinischen Tucumanamazonen, die sich bevorzugt von Erlen- und Steineibensamen ernähren. Auch Loris, Fledermaus- und Feigenpapageien sind Nahrungsspezialisten, die oft weite Strecken zurücklegen müssen, um ihre bevorzugten nektartragenden Blüten zu finden. Sobald hier zum Beispiel klimatische Veränderungen die Blüh- oder Reifezeiten beeinflussen und vielleicht noch zusätzlich unmittelbare Nahrungskonkurrenten in Erscheinung treten, werden die Nahrungsnischen für diese Arten enger und können unter Umständen sogar zu lebensbedrohlichem Nahrungsmangel führen – zumindest aber sind Brut- und Jungenaufzucht unter solchen Umständen gefährdet.

Allerdings haben die wenigen aussagekräftigen Freilandstudien in der Regel auch ergeben, dass in vielen Fällen konkurrierende Arten zum Beispiel unterschiedliche Nahrungsbestandteile in verschiedenen Reifestadien und zu verschiedenen Zeiten aufnehmen, sodass jede Art eine mehr oder weniger feste „Nahrungsnische" einnehmen kann, die ihr Überleben sichert. Dieses System der ökologischen Nischen hat sich im Laufe der Entwicklungsgeschichte in der Regel auch zwischen Papageien und Nahrungskonkurrenten aus anderen Artengruppen herausgebildet. So überschneiden sich die Nahrungsspektren der neotropischen Papageien zum Teil unter anderem mit dem der Tukane und Arassaries, die afrikanischen Arten haben Konkurrenz durch Hornvögel, Bartvögel und Turakos und die

Tukane, Bartvögel und kleine Affenarten – hier im Bild ein Dottertukan – gehören zu den Nahrungskonkurrenten der neotropischen Papageien.

pazifischen Arten durch Fruchttauben. Aber bei genauerer Betrachtung findet man bei ökologischen Untersuchungen in der Regel Unterschiede in den Nahrungsbestandteilen oder der bevorzugten Größe oder Reife(zeit) der Früchte, sodass eine direkte Konkurrenz meist nicht besteht. Unter den Säugetieren sind vor allem kleinere Affenarten als Nahrungskonkurrenten der Neuweltpapageien zu nennen.
Nisthöhlenkonkurrenz findet sich bevorzugt unter höhlenbewohnenden Vogelarten vergleichbarer Größe, aber zum Beispiel auch Opossums und bestimmte Bienenarten beanspruchen Baumhöhlungen und treten als Konkurrenten von Papageien auf. Der Konkurrenzkampf wird mit knapper werdenden Höhlen größer und die Übernahme einer Nisthöhle hängt dann oft von der Wehrhaftigkeit einer Vogelart und/oder Dauerbewachung eines solchen Brutplatzes ab.
Papageien ähnlicher Größe konkurrieren vor allem dort um Nisthöhlen, wo ein gewisser Mangel an solchen geeigneten Höhlen herrscht, und zwar umso mehr, je größer die Papageienarten sind und je größere Nisthöhlen in großen Bäumen benötigt werden. Ein Beispiel dafür ist die Nisthöhlenkonkurrenz zwischen Edelpapageien, Palmkakadus und Gelbhaubenkakadus auf der australischen Halbinsel Kap

York im Iron Range Nationalpark. Obwohl alle drei Arten im Grundsatz Nisthöhlen mit etwas unterschiedlichen Merkmalen bezüglich Baumhöhe, Höhlentiefe, Schlupflochgröße und -ausrichtung bevorzugten, wurde in Gebieten mit Nisthöhlenmangel ein gewisser Konkurrenzdruck deutlich. So wurden in jedem (Beobachtungs)Jahr bis zu 25 Prozent der Edelpapageiennester von Gelbhaubenkakadus übernommen, aber nur ein Palmkakadunest fiel einem Gelbhaubenkakadupaar zu. Naturereignisse und Brände führten in diesem Untersuchungsgebiet zu weiteren Nistplatzverlusten und verschärften die Konkurrenzsituation zusätzlich.

Dort, wo Bäume mit potenziellen Bruthöhlen knapp sind, weichen Papageien auf andere Nistgelegenheiten aus, in der dürren Steppe Tansanias zum Beispiel auf die Nester der Webervögel.

Kleinere Arten finden eher geeignete Brutplätze als große, zum Beispiel in Spechthöhlen, die von Spechten zuvor ausgemeißelt wurden. Einerseits werden häufig aufgegebene Spechthöhlen genutzt, aber auch von der Vertreibung der rechtmäßigen Erbauer und die Übernahme der Höhlen durch die Papageien wird in der Literatur berichtet. Ähnliches gilt möglicherweise auch für die eigenartigen Brutplätze mancher Agaporniden in den Nestern von Webervögeln. Dort, wo Nisthöhlen in der baumarmen afrikanischen Savanne Mangelware sind, weichen einige Agapornidenarten (Rosenköpfchen, Pfirsichköpfchen, Erdbeerköpfchen) gelegentlich auf die selbst erbauten Gemeinschaftsnester von Webervögeln aus (siehe auch Seite 115). Ob und inwieweit die Papageien die Weber dort vertreiben oder gar eine Symbiose zu beiderseitigem Vorteil miteinander eingehen, bleibt als ungelöste Fragestellung künftigen Forschungsprojekten vorbehalten.
Auch mit dem Menschen treten Papageien in gewisser Weise in Konkurrenz, nämlich dort, wo sie in Scharen seine Äcker, seine Obstbäume und seine Getreideanbaugebiete heimsuchen und zum Teil nachhaltig schädigen. Wenn schon deutsche Obstbauern die bei ihnen hier und dort einfallenden Halsbandsittiche vertreiben, so sind Papageien in afrikanischen Mais- oder Reiskulturen natürlich noch weit weniger willkommen, denn sie bringen unter Umständen Armut und Hunger über ein ganzes Dorf.
Als Ernteschädlinge bekannt sind vor allem Sperlingspapageien in Südamerika,

Agaporniden in Afrika und verschiedene Kakaduarten in Australien und Indonesien. Verständlicherweise greifen die betroffenen Bauern in den Ländern der „Dritten Welt“ (aber übrigens auch im reichen Australien!) häufig zu drastischen Mitteln, um der Vogelplagen Herr zu werden, sei es durch Netzfänge, durch Abschuss oder Vergiftung der Wasserstellen.
Hundert(tausend)e Papageien und andere Vögel sind auf diese Weise schon ums Leben gekommen – meist auch ohne Rücksicht auf den wirklich entstandenen und zu beziffernden Schaden und ohne Rücksicht auf das internationale Artenschutzrecht.

Die Gefahren

Schließlich wären als vierter Themenkomplex noch kurz die Gefahren zu betrachten, denen Papageien durch Nesträuber, Beutegreifer, Naturkatastrophen und durch den Menschen ausgesetzt sind. Die Liste der Beutegreifer und Nesträuber bei Papageien ist lang. Von Schlangen, Waranen, kleinen Affen und Nagern gehen in der Regel hauptsächlich Gefahren für Eier und Jungtiere in den Nisthöhlen aus, wogegen Altvögel nicht allzu selten Opfer von Greifvögeln (und bei bodenlebenden Arten auch von Ratten) werden.
In der Literatur ist in vielen Teilen der Welt von Greifvögeln als Hauptbeutegreifern von Papageien die Rede. Dabei treten bevorzugt verschiedene Falkenarten in Erscheinung, die in der Regel Sittiche und Papageien bis zur Amazonengröße schlagen, aber selbst die großen Araarten sind offenbar nicht immer gefeit vor solchen Gefahren. So wird beschrieben, dass Wanderfalken Rotohraras angegriffen und Prachthaubenadler sogar Hellrote Aras getötet haben. Allerdings stehen Papageien im Hinblick auf ihren robusten Körperbau, ihr meist ausgezeichnetes Flugvermögen und ihre Wehrhaftigkeit durch einen starken Schnabel und kräftige Füße nicht un-

Symbiose: Hyazinthara und Agutis?

Eine besondere Form der Nahrungsbeschaffung ist für Hyazintharas im brasilianischen Pantanal dokumentiert: Die Tiere beißen dort die von ihnen bevorzugten Palmnüsse noch in der Schale von den Bäumen ab und lassen sie zunächst auf den Boden fallen. Dort werden sie von Agutis, einer Nagetierart im gleichen Lebensraum, gefunden und von der Schale befreit. Danach sammeln die Hyazintharas die nun „freigelegten“ Nüsse wieder ein (Lücker 1995b). Diese Kooperation zwischen zwei Tierarten stellt – vorbehaltlich weiterer Forschungen – wahrscheinlich eine Form von Symbiose dar. Unter einer Symbiose versteht man „das Zusammenwirken zweier Systeme zu beiderseitigem Vorteil“. In diesem Fall dürfte es sich um eine sogenannte Protokooperation handeln. Sie gilt als lockerste Form einer Symbiose, bei der zwar beide Arten einen Vorteil aus dem Zusammenleben ziehen, aber auch ohneeinander lebensfähig sind.

Auch in Europa gehören entkommene oder freigelassene Papageien – hier ein Halsbandsittich in einer Obstplantage – zu den unerwünschten Ernteschädlingen.

bedingt am unteren Ende der Nahrungskette und können sich gegenüber Prädatoren oft durch Flucht oder Verteidigung entziehen oder zur Wehr setzen. Dies gelingt allerdings umso weniger, je weniger solche Beutegreifer im genetischen Programm einer Papageienart verankert sind. So zeigen sich die auch am Boden lebenden Papageien und Sittiche Neuseelands (abgesehen von Keas und Kakas) neuen Feinden – zum Beispiel den durch Europäer eingeführten Ratten und Katzen – gegenüber völlig wehrlos, weil sie über den größten Zeitraum ihrer Entwicklungsgeschichte nicht mit ihnen konfrontiert wurden.

Gegenüber Naturkatastrophen, die ja besonders in den letzten 20 Jahren die Welt immer öfter und immer heftiger erschüttern, sind Papageien natürlich weitestgehend wehrlos. Besonders betroffen sind die durch Wirbelstürme beinahe jährlich heimgesuchten karibischen Inseln, auf denen zum Teil seltenste Amazonenarten in kleinen Restpopulationen leben. Wenn dort ein Hurrikan zum Beispiel eine Route quer durch den Lebensraum der Königs- oder Kaiseramazone auf St. Vincent oder Dominica nimmt, ist es mit einiger Sicherheit um deren Restbestände geschehen. Ebenso die indonesischen Kakadus und die pazifischen Loris, die zum Teil nur kleine und kleinste Inseln bewohnen, gehören in dieser Hinsicht heute zu den besonders sensiblen und damit gefährdeten Arten. Auch gegen Buschfeuer (zum Beispiel in den australischen Verbreitungsgebieten) haben Papageien – außer der Flucht – keine wirksamen Schutzmechanismen.

Schließlich bleibt noch ein kurzer Blick auf die Agitationen der Menschen, die (auch) Papageien betreffen. Abgesehen von den direkten Einflüssen durch millionenfachen Fang und Handel mit Papageien in den letzten 50 Jahren, zerstören Menschen Tag für Tag große Lebensräume (auch) von Papageien – in der Regel, um Konsumwünsche aus der westlichen Welt zu befriedigen. Der Holzeinschlag, die Suche nach Öl, Gold und anderen Bodenschätzen sind dabei die Leitgefahren. Nur ganz wenige Länder der sogenannten Dritten Welt, in denen auch Papageien vorkommen, profitieren von diesen Waldzerstörungen und Lebensraumumwandlungen zugunsten der bedrohten Tierwelt, indem zum Beispiel Gewinne in den Ausbau von Schutzzonen fließen.
Nur einige wenige können es sich leisten, Teile der Gewinne aus einem florierenden Ökotourismus in den Aufbau und die Unterhaltung von Nationalparks zu investieren und damit in begrenzten Gebieten ein Überleben der dort vorkommenden Tier- und Pflanzenwelt sicherzustellen. Angesichts der immer mehr um sich greifenden globalen Umweltkrise sind diese Bemühungen höchst lobenswert, aber leider nur ein Tropfen auf den heißen Stein. Negative Prognosen sagen das Aussterben einer großen Zahl der jetzt noch vorhandenen Papageien (und vieler anderer tropischer Tierarten) in den nächsten 30 Jahren voraus. Ob es dann Sinn macht, (nur noch) Volierenbestände von vielen dieser Arten zu haben, bleibt dahingestellt.

Die Haltung mit Artgenossen in einer abwechslungsreichen Umgebung ist optimal.

Verhaltensstörung und Verhaltensmodifikation

Nachdem in den vorigen Kapiteln hauptsächlich vom „Normalverhalten" der Papageien – sowohl im Freiland als auch in Menschenobhut – die Rede war, geht es in diesem Abschnitt um Störungen des Verhaltens, die unter Haltungsbedingungen auftreten können. Wie die vorangegangenen Ausführungen gezeigt haben, gehören Papageien aufgrund ihres komplexen Sozial- und Spielverhaltens, ihres Explorationsverhaltens und ihres Werkzeuggebrauches mit zu den höchstentwickelten und damit „intelligentesten" Vögeln. Sie sind somit nach tiergartenbiologischen Maßstäben ähnlich anspruchsvoll in der Haltung in menschlicher Obhut wie die Primaten unter den Säugern – zumindest gilt dies für die Mehrzahl der sogenannten Großpapageien.

Daraus folgt beinahe zwangsläufig, dass jede Form von isolierter Einzelhaltung in Verbindung mit einer reizarmen Umgebung, einem engen Käfig und einer fehlgeleiteten Tier-Mensch-Beziehung keine tiergerechte Papageienhaltung darstellen kann und in der Folge Verhaltensauffälligkeiten der Vögel mit einer gewissen Wahrscheinlichkeit zu erwarten sind.

Und in der Tat zeigen fast alle auf diese Weise über längere Zeit gehaltenen Großpapageien früher oder später mehr oder weniger auffällige Verhaltensstörungen oder -modifikationen. Das Spektrum reicht von leichten, kaum erkennbaren Bewegungsstereotypien über Schreiphasen und aggressivem Verhalten gegenüber dem Pfleger bis hin zu schwersten Formen von Federrupfen mit oder ohne nachfolgende Automutilation.

Das Problem des Federrupfens ist seit Anbeginn der Papageienhaltung in Europa bekannt, andere Verhaltensstörungen und der negative Einfluss vieler Tier-Mensch-Beziehungen sind dagegen erst in den letzten zehn Jahren erkannt und beschrieben worden.

Die Käfig-Einzelhaltung von Papageien ist in Deutschland zwar mittlerweile verboten, sie wird aber nach wie vor in großem Maße praktiziert. Diese Haltungsform führt fast regelmäßig zu Verhaltensstörungen der so gehaltenen Papageien (hier im Bild eine Gelbscheitelamazone).

Begriffserklärung

Verhaltensstörungen liegen insbesondere dann vor, wenn Papageien in ihren täglichen Aktionsabläufen Verhaltensweisen zeigen, die zum einen keine Funktion innerhalb eines Haltungssystems (oder entsprechende Ableitungen aus dem Freilandverhalten) erkennen lassen und zum anderen körperliche Schäden (am eigenen Körper oder bei Artgenossen) hervorrufen oder begünstigen. Verhaltensmodifikationen sind grundsätzlich sinnwidrige, unter Gefangenschaftsbedingungen aber unter Umständen höchst sinnvolle beziehungsweise zwangsläufig entstehende, nichtpathologische Verhaltensanpassungen an bestehende Umgebungsverhältnisse (Hediger 1974).

Aber Verhaltensstörungen sind nicht ein ausschließliches Problem größerer Papageienvögel, sondern können auch bei

Handaufgezogene Papageien sind der große „Renner“ auf dem internationalen Tiermarkt. Viele Verhaltensstörungen resultieren aus ungeeigneten Aufzuchtmethoden und fehlender Sozialisierung durch die Altvögel.

Kleinpapageien und Sittichen auftreten. Zwar ist auch hier das Federrupfen die auffälligste Erscheinung. Ebenso kommen aber auch Bewegungsstereotypien, aggressive Tiere oder Dauerschreier vor. Manche Verhaltensauffälligkeiten stellen aber vor allem Domestikationserscheinungen dar, die sich unter anderem aufgrund jahrzehntelanger (In)Zucht manifestiert haben. Hierzu gehören zum Beispiel das hypertrophierte Sexualverhalten, das chronische Eierlegen („Dauerleger“) und das unregelmäßige Bebrüten von Gelegen. Insgesamt zeigen sich aber die Störungen bei den kleineren Papageien und Sittichen in der Regel weniger massiv als bei vielen Großpapageien. Deshalb wird ihnen von vielen Haltern meist weniger Beachtung geschenkt.

Die häufigsten Störungen

Dies ist nicht der Ort, die psychischen Erkrankungen der Papageien mit den daraus resultierenden Verhaltensstörungen detailliert darzustellen. Dazu muss auf die einschlägige Fachliteratur verwiesen werden. Hier soll es lediglich bei einer kurzen Erwähnung der häufigsten Störungsbilder bleiben (zusammengefasst nach Lantermann & Pees 2011).

Bewegungsstereotypien

Vor allem die beengte Käfighaltung bringt für gehaltene Papageien jedweder Entwicklungsstufe (vom Wellensittich bis zum

Handaufgezogene Papageien

Besonders häufig treten Verhaltensauffälligkeiten bei den inzwischen mit steigender Tendenz angebotenen handaufgezogenen Papageien auf. Diese Vögel werden fast ausschließlich für die Bedürfnisse der Wohnungshaltung gezüchtet. Der aufwendige Prozess der Handaufzucht wird in Kauf genommen, um die jungen Papageien vollständig zahm und wohnungstauglich zu machen und Prägungsmechanismen in Gang zu setzen.
In der isolierten Handaufzucht von Einzelvögeln, die mittlerweile allerdings immer weniger praktiziert wird, liegt die Gefahr, dass diesen Papageien die natürlichen, artspezifischen Prägungsvorgänge vorenthalten bleiben und sie stattdessen auf den Menschen fixiert und damit fehlgeprägt werden. Ihnen fehlen viele artspezifischen Prägungs- und Lernvorgänge, die sie sonst bereits in der Nisthöhle zusammen mit ihren Nestgeschwistern von ihren Eltern vermittelt bekommen. Die Folgen sind psychisch und sozial verarmte Papageien mit deutlichen Sozialisationsdefiziten, die kaum mehr in der Lage sind, ihre Artgenossen als solche zu erkennen, sich gegebenenfalls mit ihnen zu verpaaren oder gar Junge aufzuziehen. Diese Papageien sind fast vorprogrammiert verhaltensauffällig und werden dann nicht selten zunächst in Tierarztpraxen vorgestellt und – wenn dort keine sofortige Abhilfe möglich ist – in Tierheime und die sogenannten „Papageienhäuser" abgeschoben. Verantwortungsvollere Papageienzüchter sind deshalb inzwischen dazu übergegangen, die Jungtiere überwiegend in der Gruppe mit der Hand aufzuziehen, um wenigstens die Grundzüge von artspezifischer Prägung und Sozialverhalten in den jungen Papageien zu verankern (Lantermann & Pees 2011).

Ara) generelle Einschränkungen der Bewegungsmöglichkeiten, der Flugmöglichkeiten und des Auslebens bestimmter Verhaltensformen mit sich. Auch das in der Regel enge Zusammenliegen der Fixpunkte (Futterplatz, Schlafplatz, Knabberast) in zu kleinen Unterkünften bringt Probleme, die sich beispielsweise in stereotypen Bewegungen der Papageien äußern können. Solche Vögel zeigen dann unter Umständen viele Male am Tag den gleichen Bewegungsablauf: von der Sitzstange zum Futternapf hangelnd über das Käfigdach und zurück zur Sitzstange. Solche Stereotypien verlieren sich auch nach der Umsetzung in größere Unterkünfte zunächst nicht, werden meist noch für einige Zeit beibehalten und schwächen sich dann in der Regel ab.

„Sprechen" und Nachahmen

Auch das „Sprechen" beziehungsweise Nachahmen der Papageienvögel ist, auch wenn es oft sogar eines der Hauptmotive zur Papageienhaltung darstellt und entsprechend gefördert wird, letztlich eine Verhaltensmodifikation, die sich aber auch zu einer klinisch manifesten Störung entwickeln kann. Dieses Nachahmungsverhalten gilt beim Auftreten in Menschenobhut in der Regel als ein Anzeichen für die soziale Verarmung solcher oft einzeln gehaltenen Käfigvögel. Sie suchen auf diese Weise Aufmerksamkeit und Kontakt zu ihren menschlichen Pflegern und signalisieren damit soziale Defizite. Die Einzelhaltung gilt heute zwar für alle Papageienarten als Tierquälerei und ist inzwischen formal verboten, wird aber nach wie vor in großem Stil praktiziert. Besonders die handaufgezogenen Großpapageien, die zunehmend angeboten werden, sind hier betroffen.

Handaufgezogene Papageien zeigen oft eine große Bandbreite von Verhaltensauffälligkeiten – hier eine gegen ihren Halter drohende Mülleramazone.

Aggressionsverhalten

Während aggressives Verhalten im Rahmen der Brutzeit, der Balz sowie der Revier- und Nisthöhlenverteidigung zum Normalverhalten vieler Papageienarten gehört und sich somit durchaus auch gegen den Pfleger oder Züchter richten kann, entsteht aggressives Verhalten vielfach auch bei einzeln gehaltenen Käfigvögeln und unabhängig von dem zuvor genannten Zusammenhang.
Es gibt viele Großpapageien, die vor allem nach dem Eintritt der Geschlechtsreife ein permanentes aggressives Verhalten gegen ihren Pfleger und – was noch häufiger vorkommt – gegen den Partner des Pflegers oder andere Hausbewohner richtet. Hier spielt bei den Tieren vermutlich zum einen das unbefriedigende und dadurch frustrierende Sozialleben der (meist einzeln gehaltenen) Tiere eine Rolle, zum anderen die vermutlich ebenso frustrierende Beziehung zum Ersatzpartner Mensch, der dann permanent gegenüber dem Rivalen (dem Menschenpartner/Mitbewohner) verteidigt werden muss. Hier ist es meist nur schwer zu beurteilen, ob es sich um aggressives Normalverhalten oder um eine Störung oder Übersteigerung des Aggressionsverhaltens aufgrund einer fehlgeleiteten Tier-Mensch-Beziehung handelt, die therapiebedürftig ist.

Dauerschreien

Auch die zum Teil extremen Lautäußerungen der Papageien (besonders ausgeprägt zum Beispiel bei Amazonen, Kakadus, Aras und Keilschwanzsittichen) gehören grundsätzlich zum Normalverhalten. Darüber hinaus können diese Lautäußerungen im Zusammenhang mit fehlerhaften Haltungsbedingungen, Langeweile und wiederum einer fehlgeleiteten Tier-Mensch-Beziehung aber übersteigerte pathologische Formen annehmen, die dringender Abhilfe bedürfen. Meist lassen sich diese Probleme bei der Haltung in geräumigen Freivolieren mit Schutzhaus wieder regulieren. Denn die dorthin umgesetzten Vögel werden sich mit der Zeit wieder den normalen „Schreiphasen" der anderen Volierenbewohner anpassen. Eine „Therapie" in der gewohnten Umgebung erscheint dagegen fast aussichtslos.

Das Federrupfen stellt eine der auffälligsten Verhaltensstörungen – meist bei den sogenannten Großpapageien – dar. Hier ist ein Gelbbrustarapaar zu sehen, das auch nach der Zusammenführung nicht mehr mit dem jahrelang bestehenden Federrupfen aufhörte.

Federrupfen

Die auffälligste Form einer Verhaltensstörung ist schließlich das Federrupfen. Aus dem Mangel an sozialen Kontakten heraus beginnt der Vogel, sein normales Putzverhalten zu intensivieren. Dieser verstärkte Putztrieb wird zunehmend zu einer vom Vogel nicht mehr kontrollierbaren Zwangshandlung, in deren Folge die Federn angeknabbert, abgebissen, ausgerissen oder einfach durch die übermäßige Pflege geschädigt werden. Gelegentlich entwickelt sich diese Verhaltensstörung so weit, dass auch die Haut und sogar tiefere Gewebsschichten verletzt werden (Automutilation).

Die Erkrankung spielt besonders ab dem Eintritt in die Geschlechtsreife eine Rolle; es können aber auch jüngere Tiere betroffen sein. Oft sind auch Änderungen im gewohnten Tagesablauf der Vögel oder in der Umgebung Auslöser für die Entstehung des Federrupfens oder anderer Verhaltensstörungen. Faktoren wie eine reizarme Umgebung und ein wenig abwechslungsreicher Tagesablauf spielen ebenfalls eine Rolle, außerdem kann auch ein ungeeignetes Klima (falsche Luftfeuchtigkeit und Temperatur) zu einer Erhöhung des Putztriebes und schließlich zum Federrupfen führen.

Neben einzeln gehaltenen Tieren sind auch häufig unharmonische Paarhaltungen betroffen, meist bei gleichgeschlechtlichen Partnervögeln oder Tieren unterschiedlicher Arten. Eine Therapie ist schwierig und hat am ehesten Aussicht auf Erfolg, wenn unverzüglich Maßnahmen zu einer artgemäßen Papageienhaltung (siehe unten) eingeleitet

Einfluss der Aufzuchtmethode auf das spätere Verhalten

Neueren Studien zufolge hat besonders auch die Aufzuchtmethode Einfluss auf das spätere Verhalten der Papageien und kann zum Beispiel Bewegungsstereotypien, Dominanzaggression und Federrupfen begünstigen. In einer Schweizer Studie zum Brutverhalten von Graupapageien wurden 105 Tiere beobachtet und auf ihr Verhalten, besonders ihr späteres Brutverhalten, hin untersucht. Dabei zeigte sich, dass handaufgezogene Tiere signifikant häufiger unter Verhaltensauffälligkeiten litten. Sie waren aggressiver als Wildfänge oder Naturbruten, bettelten öfter um Futter, pflegten ihr Gefieder schlechter, neigten zu Federrupfen und Übergewicht, entwickelten stereotype Bewegungen und zeigten nur zu einem Drittel ein normales Sexualverhalten gegenüber Artgenossen. Das Fazit der Forscherin Rachel Schmid lautet demnach: „Handaufgezogene Tiere neigen ... im Allgemeinen dazu, im Verhalten problematisch zu werden“ (Schmid 2004).

werden. Jahrelange Dauerrupfer sind meist therapieresistent.

Dauerleger

Unter „Dauerlegern“ versteht man Vögel, die über das physiologische Maß hinaus Eier legen. Besonders häufig wird das Problem bei den domestizierten Nymphensittichen, Agaporniden und Wellensittichen gesehen. Nicht selten führt das Dauerlegen bei diesen Arten dazu, dass über 20 oder mehr Eier hintereinander abgelegt werden, mit entsprechenden Folgen für den Organismus wie Erschöpfung oder Mangelerscheinungen. Die Ursachen sind vielfältig. Meist spielen ein zu langer Lichttag (insbesondere durch Kunstlicht), ein übermäßiges und (zu) kalorienreiches Futterangebot, ständig angebotene Nistkästen, andere brütende Paare in der gleichen Unterkunft oder das vorzeitige Entfernen der Eier aus dem Nistkasten eine Rolle. Bei vielen Arten produziert das Weibchen so lange Eier, bis eine feste Gelegegröße erreicht ist. Werden die Eier zur Unterbrechung des Brutvorganges entfernt, legt der Vogel erneut Eier. Häufig entstehen in der Folge Probleme bei der Legetätigkeit bis hin zur Legenot.

Dauerfüttern

Das „Dauerfüttern“ oder „Spiegelfüttern“ ist ein übertriebenes Balzverhalten, welches vor allem einzeln gehaltene männliche Wellensittiche häufig zeigen. Gefüttert werden reflektierende Oberflächen (Glas, Spiegel, Metall) oder Ersatzpartner wie Plastikvögel, aber auch der Mensch. Da der Vogel hier nicht die notwendige Rückantwort bekommt, übersteigert er dieses

Verhalten. In der Folge sind Kropfentzündungen durch das permanente Hochwürgen von Nahrung die Regel.

Ableitung für ein artgemäßes Haltungssystem

Verhaltensauffällige Papageien sind grundsätzlich schwierig zu therapieren. Zu komplex sind die Zusammenhänge zwischen natürlichem Verhalten und dessen zwangsläufiger Beschränkung in der Haltungspraxis, zwischen den sozialen Bedürfnissen der Vögel, jahreszeitlichen und hormonellen Veränderungen, der „Qualität" der bestehenden Haltungsbedingungen und dem Einfluss des Pflegers, um nur einiges zu nennen, als dass man sie bisher hinreichend verstehen und in die Haltungspraxis umsetzen könnte. Dementsprechend beschränkt sich die Prophylaxe psychischer Erkrankungen derzeit noch fast ausschließlich auf die Optimierung der Haltungsbedingungen. In der Regel haben sich folgende Merkmale beziehungsweise Veränderungen eines bestehenden Haltungssystems als hilfreich erwiesen:

Vergesellschaftung

Die Zugesellung eines nach Art, Alter und Geschlecht passenden Partnervogels zu einem bislang einzeln gehaltenen Vogel kommt in der Regel den sozialen Bedürfnissen der Tiere entgegen. Handaufgezogene Papageien können dann als potenzielle Partnervögel Probleme bereiten, wenn sie isoliert handaufgezogen wurden und damit unter Umständen lebenslang nicht in der Lage sind, adäquate Partnerschaften mit Artgenossen einzugehen.
Bei genügendem Platzangebot kann bei Unzertrennlichen, Mönchsittichen, Felsensittichen, Laufsittichen, Nymphensittichen, Wellensittichen, Grassittichen, Dickschnabelsittichen und vielen anderen auch eine Gruppenhaltung praktiziert werden.

Die Unterkunft

Die Größe der Unterkunft spielt eine entscheidende Rolle für Wohlbefinden, Bewegung und Fortpflanzungsmöglichkeiten der darin gehaltenen Tiere. Jede Form von Käfighaltung ist vor allem für Großpapageien völlig unzureichend. Das „Mindestgutachten" des Deutschen Landwirtschaftsministeriums empfiehlt folgende

Jungvögel, die von vornherein artgemäß sozialisiert und gehalten werden, entwickeln in adäquaten, gut ausgestatteten Volieren in der Regel keine Verhaltensauffälligkeiten wie diese Rußköpfchen.

Volierenmaße für Sittiche und Papageien

(Mindestanforderungen nach einem Sachverständigengutachten von Brücher et al. 1995, Auszug für ausgewählte Arten pro Paar)

Art/Gattung	**Volierengröße** L x B x H in m	**Schutzraumgröße** Grundfläche in m²	**Mindest-haltungstemperatur** im Winter
Agaporniden	1 x 0,5 x 0,5	0,5	10 °C
Amazonen			
große Arten	3 x 1 x 2	1-2	10 °C
kleine Arten	2 x 1 x 1	1	10 °C
Aras			
große Arten	6 x 2 x 2	1	10 °C
kleine Arten	3 x 1 x 2	1-2	10 °C
Dickschnabelsittiche	1 x 0,5 x 0,5	0,5	5-10 °C
Edelpapageien	2 x 1 x 1	1	15 °C
Edelsittiche			
große Arten	3 x 1 x 2	2	5 °C
kleine Arten	2 x 1 x 1	1	5 °C
Feigenpapageien	1 x 0,5 x 0,5	0,5	15 °C
Fledermauspapageien	1 x 0,5 x 0,5	0,5	15 °C
Grassittiche	1 x 0,5 x 0,5	0,5	frostfrei
Graupapageien	2 x 1 x 1	1	10 °C
Kakadus			
große Arten	3 x 1 x 2	2	10 °C
kleine Arten	2 x 1 x 1	1	10 °C
Keilschwanzsittiche			
große Arten	3 x 1 x 2	2	5-10 °C
kleine Arten	2 x 1 x 1	2	5-10 °C
Langflügelpapageien	2 x 1 x 1	1	10 °C
Laufsittiche	2 x 1 x 1	1	frostfrei
Loris	2 x 1 x 1	1	10 °C
Nymphensittiche	2 x 1 x 1	1	frostfrei
Plattschweifsittiche			
große Arten	3 x 1 x 2	2	frostfrei
kleine Arten	2 x 1 x 1	1	frostfrei
Rotschwanzsittiche	2 x 1 x 1	1	5-10 °C
Rotsteißpapageien	2 x 1 x 1	1	10 °C
Schmalschnabelsittche	2 x 1 x 1	1	5-10 °C
Sperlingspapageien	1 x 0,5 x 0,5	0,5	15 °C
Wellensittiche	1 x 0,5 x 0,5	0,5	frostfrei
Weißbauchpapageien	2 x 1 x 1	1	15 °C

Verhaltensbereicherung

Unter dem Begriff Verhaltensbereicherung (im Fachjargon auch „behavioural enrichment" genannt) fasst man bei der Wildtierhaltung zunächst geeignete Maßnahmen zur Beschäftigung, Anregung zu Spiel und Erkundungsverhalten der gehaltenen Tiere zusammen. In professionellen Zootierhaltungen werden heute für viele Tierarten sogar ganz spezielle Beschäftigungsprogramme entwickelt, die von der aktiven Futtersuche über die „freie" Partnersuche bis hin zur „Revierverteidigung" reichen können. Dabei dient auch die Schaffung von Brutmöglichkeiten sowohl der Unterstützung des Sozialsystems als auch der Beschäftigungsförderung der gehaltenen Tiere. Bei einem solch umfassenden System spricht man inzwischen dann eher von „environmental enrichment" oder Lebensraumbereicherung (Mettke 1993, Schumann 1997, Mettke-Hoffmann 2000).

Mindestmaße für eine artgemäße Sittich- und Papageienhaltung:

Die ideale Unterkunft für die Haltung fast aller Papageienarten ist eine Freivoliere mit angeschlossenem Schutzraum. Licht, Luft, Sonne und Regen sind substanziell für gehaltene Tiere und tragen maßgeblich zu deren Wohlbefinden bei. Die Voliere muss mit einem ständig wechselnden Angebot von Beschäftigungsmaterial (Ketten, Taue, Knabberäste, frische Weiden- oder Obstbaumzweige) ausgestattet sein, damit bei den Tieren der Langeweile entgegengewirkt wird (Verhaltensbereicherung).

Ernährung

Die Ernährung von Papageien hat sich nach den speziellen Bedürfnissen der gehaltenen Arten und dem gegenwärtigen Stand der Ernährungsforschung zu richten. Zwar sind die allermeisten in Menschenobhut gehaltenen Papageien nichtspezialisierte Früchte- und Körnerfresser, die Ernährungsforschung hat in den letzten Jahren jedoch deutliche Unterschiede im Nahrungsspektrum verschiedener Papageienarten oder -gruppen herausgearbeitet, das in Zusammensetzung und Inhaltsstoffen variiert. Der Futtermittelhandel ist darauf inzwischen zumindest für die Hauptgruppen der gehaltenen Sittiche und Papageien eingerichtet.

Die Tier-Mensch-Beziehung

Das Verhältnis des Menschen zu seinen Heimtieren ist in hohem Maße emotional und funktional geprägt und findet die unterschiedlichsten Ausdrucksformen. Bei den Papageienhaltern – besonders den Haltern einzelner Stubenvögel – finden

Verhaltensbereicherung (behavioural enrichment) heißt mittlerweile das Zauberwort, um Papageien dauerhaft und ausreichend zu beschäftigen, sodass erst gar keine Volierenlangeweile aufkommt und zu Störungen des Verhaltens führen kann – hier im Bild eine Springsittich-Voliere mit gerade neu eingebrachten Weidenzweigen.

sich alle denkbaren Arten und Abarten der Tier-Mensch-Beziehung, angefangen vom „normalen" Papageienhalter, der sich um eine gewisse Vertrautheit und Beziehung zu seinem Tier bemüht, bis hin zum völlig überdrehten, verqueren Vogelnarren, der den Papagei in seinen gesamten Tagesablauf integriert und eifrig darüber wacht, dass kein anderer Mensch, geschweige denn ein Artgenosse als Sozialpartner in diese ungleiche Zweierbeziehung einzudringen vermag. Verhaltensstörungen aufseiten des betroffenen Tieres, besonders bei Eintritt der Geschlechtsreife, sind hier beinahe vorprogrammiert.

Wer seine Rolle als Papageienhalter dagegen darin sieht, seinen Tieren ein artgemäßes Haltungssystem mit Sozialpartner(n), großer Voliere und adäquater Ausstattung zu ermöglichen, wird seine Tiere schon bald als Wildtiere mit spezifischen Bedürfnissen erleben und sich selbst auf die Rolle als Pfleger, Futtergeber und Beobachter zurückziehen.

Die mittlerweile immer häufiger in Erscheinung tretenden „Verhaltenstrainer" und „Papageienflüsterer" erzielen oft gewisse Erfolge bei der Therapie von Verhaltensauffälligkeiten, indem sie mit bestimmten Methoden aus der Lernpsychologie (Clickertraining, positive Verstärkung, „Shaping") bestimmte unerwünschte Verhaltensweisen der Vögel zu beeinflussen versuchen. Auf diese Weise soll bei Heimpapageien zum Beispiel erreicht werden, dass sie auf bestimmte Kommandos hin fliegen, „sprechen", auf die Hand oder einen vorgehaltenen Holzstab steigen oder unerwünschte Verhaltensweisen unterlassen.

Auch wenn diese Methoden zum Teil oder zeitweise die gewünschten Verhaltensweisen hervorrufen können oder unerwünschte Verhaltensweisen unterbleiben, wird hierbei außer Acht gelassen, dass die Mehrzahl der Papageien eben keine domestizierten Vogelarten, sondern Wildtiere mit einem natürlichen Verhaltensrepertoire sind, das dann zum Teil durch Trainingsmethoden aus der Lernpsychologie überformt wird. Zudem ignorieren diese „Therapieansätze" oft die über Jahre erarbeiteten Empfehlungen für eine artgemäße Papageienhaltung (Bildung von Paaren oder Gruppen, Haltung in geräumigen, gut strukturierten Volieren, Neuorientierung der Tier-Mensch-Beziehung zur Vermeidung von Verhaltensauffälligkeiten) und begünstigen hier und dort sogar unzureichende Haltungsbedingungen (zum Beispiel Wohnungs- und Einzelhaltung) zugunsten eines scheinbar problemfreieren Zusammenlebens von Mensch und Papagei.

Gedanken zum Schluss

Die vorangegangenen Ausführungen haben unter anderem gezeigt, wie lückenhaft der Kenntnisstand über das Verhalten vieler Papageienarten und wie gering die Zahl der etwas ausführlicher bearbeiteten Arten teilweise noch ist. Hinzu kommt, dass ein großer Teil der Beobachtungen sich auf das Verhalten von Volierenvögeln bezieht, das in mancherlei Hinsicht nur ein unvollständiges und teilweise modifiziertes Bild vom Verhalten einer Art liefern kann.
Andererseits sind auch Freilandbeobachtungen in der Regel fragmentarisch und treffen in der Regel nur auf die Vögel einer (Teil)Population in einer eng begrenzten Region zu, die der Forscher in einem bestimmten Zeitraum zu bearbeiten vermochte. Andere Populationen mögen aufgrund anderer ökologischer Gegebenheiten ein teilweise unterschiedliches Verhalten zeigen.
Andererseits: Die Vielzahl aller vorhandenen Studien an Papageien – so unvollständig, oberflächlich oder methodisch kritikwürdig sie auch sein mögen – haben inzwischen einen soliden Grundstock über das Leben und Verhalten von Papageien im Freiland und in Menschenobhut geliefert, sodass die Ordnung der Psittaciformes, gemessen an anderen tropischen (!) Vogelgruppen, mittlerweile als relativ gut bekannt und erforscht gelten kann.
Wahrscheinlich darf man sogar so weit gehen zu behaupten, dass auch bei weiterführenden Forschungen an immer neuen Arten keine wirklich neuen Beobachtungen im Verhalten, in den sozialen Systemen, im Fortpflanzungsverhalten oder in der Jugendaufzucht und Jugendentwicklung zu erwarten sein dürften. Neuere Ergebnisse werden wahrscheinlich exakter und detaillierter sein und bestimmte Bereiche auch quantitativ erfassen. Sie werden vermutlich genauer zwischen Freiland- und Volierenstudien zu unterscheiden wissen und vielleicht öfter als bisher die Möglichkeit bieten, die Ergebnisse aus Volierenbeobachtungen mit dem Freilandverhalten vergleichen zu können.
Welche Neuerkenntnisse sind noch innerhalb der Papageien-Verhaltensbiologie zu erwarten? Zum einen werden sicherlich hier und dort für weitere Arten – vor allem nach Beobachtungen in Menschenobhut – das Verhalten oder bestimmte Bereiche des Verhaltens beschrieben. Oder es werden Verhaltensvergleiche einer oder mehrerer zentraler Verhaltenselemente zwischen den bislang bearbeiteten Arten angestellt.

Auch neue Freilandergebnisse werden die Papageienethologie sicherlich hier und dort bereichern. Allerdings stehen in der Freilandforschung in der Regel eher ökologische Untersuchungen auf dem Plan.

In Zeiten knapper werdender Finanzmittel in den meisten einschlägigen Forschungseinrichtungen einerseits und der zunehmenden Bedrohung vieler Papageienarten im Freiland andererseits müssen mehr denn je Prioritäten gesetzt werden. Aus dieser Forderung wird sich ergeben, dass künftig die allermeisten für diesen Bereich vorgesehenen Finanzmittel in den angewandten Naturschutz beziehungsweise die Feldforschung zu Artenschutzwecken fließen werden, während für verhaltensbiologische Grundlagenforschung ohne den angewandten Aspekt künftig vermutlich immer weniger Mittel bereitstehen dürften. Hier wären dann unter Umständen auch die Laienforscher gefordert, mit seriösen und allgemein anerkannten Forschungsmethoden im Freiland oder an Volierenvögeln den Kenntnisstand über das Verhalten der Papageien voranzutreiben. Auch eine Zusammenarbeit zwischen Wissenschaftlern (auch Studenten, Diplomanden, Doktoranden) und Vogelhaltern, die besonders interessante oder wenig erforschte Arten in ihren Volieren halten, wäre ein Schritt in die richtige Richtung.

Was jedoch am dringlichsten fehlt, ist eine Synthese des bisherigen Kenntnisstandes über das Freilandverhalten der Papageien aus evolutionsbiologischer und öko-ethologischer Sicht. Wahrscheinlich reicht aber das bisherige Datenmaterial für eine derartige umfassende Darstellung unter Einbeziehung der wichtigsten systematischen Papageiengruppen bislang (noch) nicht aus.

Im Bereich der Papageienhaltung wird es künftig wohl zu immer stärkeren Gegensätzen und Auseinandersetzungen zwischen denen kommen, die Papageien als Wildtiere betrachten und entsprechend halten, und jenen, die auf Papageientraining und Anpassungsprozesse handaufgezogener Tiere setzen und Papageien gern als „Heimvögel" betrachtet wissen wollen. Aus diesem letzteren Bereich kommt vermutlich früher oder später eine größere Welle von verhaltensgestörten und/oder durch Trainingprozesse überformten Papageienvögeln auf die Tierärzte und Papageienauffangstationen zu, die an Zeiten heranreichen werden, als man noch einzeln gehaltene und „sprechende" Papageien für das Non-Plus-Ultra der Papageienhaltung hielt.

Nur mit dem Unterschied, dass diese Vögel und ihre Probleme von einem anderen, scheinbar therapeutisch begleiteten „Mäntelchen" umhüllt werden, um deren oftmals defizitäre Haltungsbedingungen zu rechtfertigen. Die Verhaltenstörungen und die Befindlichkeiten der Vögel dürften dagegen die gleichen bleiben wie früher.

Danksagung

Viele Menschen haben mich seit Beginn meiner Arbeit mit Papageien in den frühen 1970er-Jahren unterstützt. Sie alle aufzuzählen, würde den Rahmen dieses Buches übersteigen. Stellvertretend für andere, die mich über die Jahre mit Beobachtungen, Fragen, Kritik und Literatur sowie Fotos zum Verhalten von Papageien versorgt habe, nenne ich (alphabetisch): José Appels, Jörg Asmus, Dr. Immanuel Birmelin, Marc Boussekey, Andrea Blomenkamp, Dr. Gisela Deckert, Prof. Dr. Kurt Deckert (†), Alfred Echten, Maike Dickmann, Prof. Dr. Jessica Eberhard, PD Dr. Udo Gansloßer, Prof. Dr. Heini Hediger (†), Prof. Dr. Robert Heinsohn, Dr. Johann Ingels, Prof. Dr. Eberhard Kaleta, Prof. Dr. Norbert Kummerfeld, Marga Lantermann, Yvonne Lantermann, Rosemary Low, Prof. Dr. Hubert Lücker, Benni Noel, Prof. Dr. Mike Perrin, Johann Plog, Prof. Dr. Franz Robiller, Achim und Petra Schmidt, Prof. Dr. Helmut Sick (†), Dr. Richard Schöne, Dr. Joachim Steinbacher, Tino Thurow, Prof. Dr. Fritz Trillmich, Dr. Werner Tschirch, Dr. Ralf Wanker (†), Dr. Callyn Yorke und Jana Weinhold.

Meiner langjährigen Lektorin Frau Dr. Gabriele Lehari danke ich wieder für ihre konstruktive Kritik am Manuskript und die reibungslose Zusammenarbeit, dem Verlag Oertel & Spörer für die freundliche Aufnahme des vorliegenden Titels in sein Buchprogramm.
Meine Frau Yvonne Lantermann hat einen Teil der Fotos angefertigt sowie das Manuskript und die Druckfahnen korrigiert. Allen Genannten sage ich meinen herzlichen Dank.

Der seltene Borstenkopfpapagei.

Literatur

Altman, J. (1974): Observational study of behaviour: sampling methods, Behaviour 49, S. 227-267
Appels, J. (2001): Neue Zuchterfahrungen mit Rotachselpapageien, Papageien 14, S. 83-85
Arndt, T. (1986): Papageien – ihr Leben in Freiheit, Bomlitz
Asmus, J. (2002): Der Kleine Vasapapagei, Ziergeflügel und Exoten 47, S. 32- 39
Asmus, J. (2007): Der Rotachselpapagei – ein seltener Pflegling, Papageien 20, S. 266-269
Bankowitsch, P. (1988): Haltung und Zucht von Edelpapageien *Eclectus roratus,* Papageien 4, S.106-110
Beck, B. B. (1980): Animal Tool Behavior. The Use and Manufacture of Tools by Animals, New York
Beissinger, S. R. & N. F. R. Snyder (eds.1992): New World Parrots in Crisis, Washington & London
Beggs, J. R. & P. R. Wilson (1991): The Kaka *(Nestor meridionalis),* a New Zealand parrot, threatened by introduced wasps and mammals, Biological Conservation 56, S. 23-38
Belon, P. (1555): L'Histoire de la Nature des Oiseaux, Paris
Bergman, L. & U. S. Reinisch (2006): Comfort behaviour and sleep, in: A. U. Luescher (ed.): Manual of Parrot Behavior, S. 59-62, Ames, Oxford & Victoria
Berry, R. J. (1974): Successful breeding of the St. Vincent Parrot *Amazona guildingii* at Houston Zoo, Int. Zoo Yearb. 14, S. 96-97
Bish, E. (1985): Breeding Lear's Macaw *Anodorhynchus leari* at Busch Gardens (Tampa, Florida), Avic. Mag. 91, S. 30-31
Birmelin, I. & B. Tschanz (1981): Beobachtungen und experimentelle Untersuchungen von Wellensittichen während des Schlüpfens der Jungen, Z. Tierpsychol. 57, S. 245-260
Birkhead, T. R. & A. P. Möller (1992): Sperm Competition in Birds: Evolutionary Causes and Consequences, London
Blomenkamp, A. (1992): Beobachtungen zum Putzverhalten von Mohrenkopfpapageien in Menschenobhut, Gef. Welt 116, S. 412-414
Bolle, C. (1856): Verzeichnis lebender Vögel der zoologischen Gärten in London, Leipzig
Borsari, A. & E. B. Ottoni (2005): Preliminary observations of tool use in captive Hyacinth Macaws *(Anodorhynchus hyacinthinus),* Animal Cognition 8 (1), S. 48-52
Boswall, J. (1977): Tool-using by birds and related behaviour, Avic. Mag. 83, S. 88-97, 146-159, 220-228
Boswall, J. (1978): Further notes on tool-using by birds and related behaviour, Avic. Mag. 84, S. 162-166
Boswall, J. (1983): Tool-using by birds and related behaviour: more notes, Avic. Mag. 89, S. 94-108
Boswall, J. (1984): Tool-using by birds and related behaviour: yet more notes, Avic. Mag. 90, S. 170-181
Boyes, R. S. (2008): Beobachtungen zur Brutbiologie von Goldbugpapageien, Papageien 21, S. 388-393
Boyes, R. S. & M. R. Perrin (2009): Flocking dynamics and roosting behaviour of Meyer' s parrot *(Poicephalus meyeri)* in the Okavango Delta , Botswana, African Zoology 44, S. 181-193
Brereton, J. le Gay & K. Immelmann (1962): Head-scratching in the Psittaciformes, Ibis 104, S. 169-175
Brockway, B. (1964a): Ethological studies of the Budgerigar *(Melopsittacus undulatus):* non-reproductive behaviour, Behaviour 22, S. 193-222
Brockway, B. (1964b): Ethological studies in the budgerigar *(Melopsittacus undulatus):* reproductive behaviour, Behaviour 23, S. 294-324
Brücher, H., R. van den Elzen, A. Fergenbauer-Kimmel, T. Pagel, K.-L. Schuchmann, U. Schürer & J. Styrie (1995): Mindestanforderungen an die Haltung von Papageien, Sachverständigengutachten im Auftrag des Bundesministeriums für Ernährung, Landwirtschaft und Forsten, Bonn, abgedruckt unter anderem in: Jahrb. Papageienkunde 1, S. 237-247, Westarp-Verlag, Magdeburg
Brouwer, K., M. L. Jones, C. E. King & H. Schifter (2006): Longevity records for Psittaciformes in captivity, Int. Zoo Yearb. 37, S. 299-316
Bucher, E. H., L. F. Martin, M. B. Martella & J. L. Navarro (1991): Social behavior and population dynamics of the Monk Parakeet, Proc. Int. Ornithol Congr. 20, S. 681-689
Buckley, F. G. (1968): Behaviour of the Blue-crowned Hanging Parrot *Loriculus galgulus* with comparative notes on the Vernal Hanging Parrot *L. vernalis*, Ibis 110, S. 145-164
Burger, J. & M. Gochfeld (2003): Parrot behavior at a Rio Manu (Peru) clay lick: temporal patterns, associations, and antipredator responses, Acta ethologica 6 (1), S. 23-34
Burger, J. & M. Gochfeld (2005): Nesting beha-

vior and nest site selection in Monk Parakeets *(Myiopsitta monachus)* in the Pantanal of Brazil, Acta Ethologica 8 (1), S. 23-34
Cemmick, D. & D. Veitch (1987): Kakapo Country – The Story of the Worlds most unusual Bird, Auckland, London et al.
Clarke, C. M. H. (1970): Observation on population, movements and food of the Kea *(Nestor notabilis)*, Notornis 17, S. 105-114
Clutton-Brock, T.H. & G. A. Parker (1995): Sexual coercion in animal societies, Animal Behaviour 49, S. 1345-1365
Collar, N. J. (1997): Family: Psittacidae, in: J. del Hoyo, A. Elliott & J. Sargatal, eds., Handbook of Birds of the World, Vol. 4, S. 280-477, Barcelona
Collar, N. J. (2001): Einführung, in: T. Arndt, Hrsg.: Lexikon der Papageien, S. 3-94
Cruz, A. & S. Gruber (1980): The distribution, ecology and breeding biology of Jamaican Amazon parrots, in: R. S. Pasquier, ed., Conservation of New World Parrots, ICBP Techn. Publ. No. 1, S. 103-127, St. Lucia
Deckert, G. & K. Deckert (1982): Spielverhalten und Komfortbewegungen beim Grünflügelara *Ara chloroptera,* Bonn. Zool. Beitr. 33, S. 269-281
Diamond, J. & A. B. Bond (1999): Kea – Bird of Paradox. The Evolution and Behavior of a New Zealand Parrot, University of California Press, London
Diamond, J. & A. B. Bond (2003): A comparative analysis of social play in birds, Behaviour 140, S. 1091-1115
Diefenbach, K. (1982): Kakadus, Walsrode
Diefenbach, K. (1986): Ernährungsstrategien und Fortpflanzungsverhalten der Amazonen, Die Voliere 9, S. 37-40
Diefenbach, K. & S. Goldhammer (1986a): Lebensweise und Gefährdung der Amazonenpapageien, Die Voliere 9. S. 117-121
Diefenbach, K. & S. Goldhammer (1986b): Auf den Spuren der Prachtamazone *(Amazona pretrei)*, Die Voliere 9, S. 5-9
Dilger, W. C. (1960): The comparative ethology of the African parrot genus *Agapornis,* Z. Tierpsychol. 17, S. 649-685
Dilger, W. C. (1962): Die behaviour of lovebirds, Scientific American 206, S. 88-98
Eberhard, J. (1998a): Evolution of nest-building behavior in Agapornis parrots, Auk 115, S. 455-464
Eberhard, J. (1998b): Breeding biology of the Monk Parakeet, Wilson. Bull. 110, S. 463-473
Eberhard, J. R. & E. Bermingham (2004): Phylogeny and biogeografy of the *Amazona ochrocephala* complex, Auk 121, S. 318-332
Ekstrom, J. (2002): Singing for your dinner but not for your mates: female song and polygynandry in the Greater Vasa Parrot, Abstract V. Kirindy Symposium, University of Sheffield, U.K.
Engel, J. (1999): Eine Übersicht über die Vor- und Nachteile von Verhaltensstudien im Zoo, in: U. Gansloßer, Hrsg., Tiergartenbiologie II, S. 197-215, Fürth
Engesser, U. (1977): Sozialisation junger Wellensittiche, Z. Tierpschol. 43, S. 68-105
Enkerlin-Hoeflich, E. C. (1995): Comparative ecology and reproductive biology of three species of Amazona parrots in northeastern Mexico, Ph.D. dissertation, Texas University
Enkerlin-Hoeflich, E. C., N. R. F. Snyder & J. W. Wiley (2006): Behavior of wild Amazona and Rhynchopsitta parrots, with comparative insights from other psittacines, in: A. U. Luescher, ed., Manual of Parrot Behavior, S. 13-25, Ames, Oxford & Victoria
Ernst, U. (1995): Afro-asiatische Sittiche in einer mitteleuropäischen Großstadt: Einnischung und Auswirkungen auf die Vogelfauna, Jb. Papageienkunde 1, S. 23-114, Magdeburg
Evans, P. H. G. (1988): The conservation status of Imperial and Red-necked Amazon on Dominica, ICBP Study Report 21, Cambridge
Fagen, R. (1983): Animal Play Behaviour, Oxford
Festetics, A. (1983): Konrad Lorenz – Aus der Welt des großen Naturforschers, München
Fergenbauer-Kimmel, A. (1992): Edelpapageien, Bomlitz
Fernandez-Juricic, E. & M. B. Martella (2000): Guttural calls of Blue-fronted Amazons: structure, context, and their possible role in short range communication, Wilson Bull 112, S. 35-43
Feuser, A. (1993): Erfahrungen mit Orangeköpfchen über sieben Jahre, AZ-Nachrichten 40, S. 252-258
Fierens, K. (2008): Der Inkakakadu, Papageien 21, S. 90-93
Finsch, O. (1867-1868): Die Papageien, 2 Bde., Leiden
Fischdick, G., V. Hahn & K. Immelmann (1984): Die Sozialisation beim Rosenköpfchen *Agapornis roseicollis,* J. Orn. 125, S. 307-319
Forshaw, J. (1989): Parrots of the World, 3rd rev. edition, London
Forshaw, J. M. (2002): Australische Papageien Band 1, Bretten
Forshaw, J. M. (2003): Australische Papageien Band 2, Bretten

Friedman, H. & M. Davis (1938): Left-handedness in parrots, Auk 55, S. 478-480
Fritsche, G. (1976): Beiträge zum Ethogramm der Art *Ara ambigua,* Dipl. Arbeit TU Braunschweig und Uni Bielefeld
Funk, M. S. (1996a): Development of object permanence in the New Zealand Parakeet *(Cyanoramphus auriceps)*, Animal Learning Behavior 24, S. 375–383
Funk, M. S. (1996b): Spatial development in Golden-crowned Parakeets *(Cyanoramphus auriceps):* a piagetian assessment, Bird Behavior 11, S. 91-104
Funk, M. S. & R. L. Mattesen (2004): Stable individual differences on developmental tasks in young Yellow-crowned Parakeets *(Cyanoramphus auriceps)*, Learning & Behavior 32 (4): 427-439
Glendell, G. (2008): Papageienschule – Wege zu einem problemfreien Zusammenleben, Stuttgart
Gnam, R. (1986): Breeding biology of the Bahama parrot, Research Report, A.F.A. Watchbird, Sept. 1986, S. 58-61
Gnam, R. (1988): Zur Brutbiologie der Bahama-Amazone *(Amazona leucocephala bahamensis),* Papageien 1, S. 11-13
Gnam, R. (1990): Zur Biologie der Bahama-Amazone *(Amazona leucocephala bahamensis)* auf Great Inagua, Papageien 3, S. 89-92
Graham, J., T. F. Wright, R. J. Dooling & R. Korbel (2006): Sensory Capacities of Parrots, in: A. U. Luescher, ed., Manual of Parrot Behavior, S. 33-41, Ames, Oxford & Victoria
Grummt, W. (1973): Haltung und Zucht von Edelpapageien, *Lorius roratus,* im Tierpark Berlin, Zool. Garten NF. 43, S. 256-274
Grummt, W. (1993): Erfolgreiche Arazuchten im Tierpark Berlin-Friedrichsfelde, Milu 7, S. 451-458
Grummt, W. (1997): Erfolgreiche Brut des Palmkakadus *Probosciger aterrimus* im Tierpark Berlin-Friedrichsfelde, Milu 9, S. 122-125
Grummt, W. & H. Strehlow (Hrsg. 2009): Zootierhaltung: Vögel, Frankfurt
Hahn, V. (1983): Die Sozialisation beim Rosenköpfchen und die Entwicklung optischer Präferenzen, Vortrag anläßlich der 95. Jahrestagung der Deutschen Ornithologen-Gesellschaft, Erlangen
Hardy, J. (1963): Epigamic and reproductive behaviour of the Orange-fronted Parakeet, Condor 65, S. 169–199
Hardy, J. (1965): Flock social behaviour of the Orange-fronted Parakeet, Condor 67, S. 140-156
Harris, L. J. (1989): Footedness in parrots: three centuries of research, theory, and mere surmise, Canad. Journ. Psychology 43, S. 369-396
Harrison, C. J. O. (1965): Allopreening as agonistic behaviour, Behaviour 24, S. 161-209
Harrison, G. J. & C. Davis (1989): Captive behaviour and its modification, in: Harrison, G. J. & L. R. Harrison, Hrsg. Clinical avian medicine and surgery, Saunders, Philadelphia
Hediger, H. (1942): Wildtiere in Gefangenschaft. Ein Grundriß der Tiergartenbiologie, Basel
Hediger, H. (1965): Mensch und Tier im Zoo: Tiergarten-Biologie, Rüschlikon, Stuttgart und Wien
Hediger, H. (1984): Tiere verstehen – Erkenntnisse eines Tierpsychologen, München
Heinsohn, R., S. Murphy & S. Legge (2003): Overlap and competition for nest holes among Eclectus parrots, Palm Cockatoos and Sulphur-crested Cockatoos, Austr. J. Zool. 51, S. 81-94
Heinsohn, R, D. Ebert, S. Legge & R. Peakall (2006): Genetic evidence for cooperative polyandry in reverse dichromatic Eclectus parrots, Animal Behaviour 74, S. 1047-1056
Heinsohn, R. (2008): The ecological basis of unusual sex roles in reverse-dichromatic Eclectus parrots, Animal Behaviour 76, S. 97-103
Herkenrath, P. & W. Lantermann, (Hrsg. 1994): Flieg' Vogel oder stirb – Vom Elend des Handels mit Wildvögeln, Göttingen
Hick, U. (1962): Beobachtungen über das Spielverhalten unseres Hyazintharas *Anodorhynchus hyacinthinus,* Freunde d. Kölner Zoo 5, S. 8-9
Hillmann, T. (2007): Meine Erfahrungen mit Timor-Gelbwangenkakadus, Papageien 20, S. 8-12
Hinde, R. (1973) Das Verhalten der Tiere, 2. Bde., Frankfurt
Hodel, J. (2005): Unsere ersten Erfahrungen mit Blaubauchpapageien, Papageien 18, S. 155-157
Hodges, M. (1961): Nesting of the Ground Parrot, Emu 61, S. 218-221
Holyoak, D. M. & D. T. Holyoak (1972): Notes on the behaviour of African parrots of the genus Poicephalus, Avic. Mag. 78, S. 88-95
Homberger, D.G. (1980): Funktionell-morphologische Untersuchungen zur Radiation der Ernährungs- und Trinkgewohnheiten der Papageien, Bonn. Zool. Monographien 13, S. 1-192
Hohenstein, K. F. (1987): Werkzeuggebrauch bei Papageien, Gef. Welt 111, S. 329-330
Hoppe, D. & P. Welcke (2006): Langflügelpapageien, Stuttgart

Huber, R. & M. Martys (1993): Male-male pairs in Greylag Geese *(Anser anser)*, J. Orn. 134, S. 155-164

Hunt, G. L. & M. W. Hunt (1977): Female-female pairing in Western Gulls *(Larus occidentalis)* in southern California, Science 196, S. 1466-1467

Iwaniuk, A. N., K. M. Dean & J. E. Nelson (2005): Interspecific allometry of the brain and brain regions in parrots (Psittaciformes): comparison with other birds and primates, Brain, Behavior & Evolution 65, S. 40-59

Jackson, J. R. (1962): The life of the Kea, Canterbury Mountainer 31, S. 120-123

Jackson, J. R. (1963): The nesting of Keas, Notornis 10, S. 334-337

Jager, S. F. de (1976): Pesquet's Parrot: some observations, Avicult. Mag. 82, S. 160-163

Joseph, L. (1989): Food-holding in some Australian parrots, Corella 13 (5), S. 143-144

Juniper, T. & M. Parr (1998): Parrots – A Guide to the Parrots of the World, Sussex

Juppien, A. (1996): Verhaltensstörungen bei Großpapageien, Diss., Universität Gießen

Keller, R. (1975): Das Spielverhalten der Keas *(Nestor notabilis)* des Zürcher Zoos, Z. Tierpsychol. 38, S. 393-408

Keller, R. (1976): Beitrag zur Biologie und Ethologie der Keas *(Nestor notabilis)* des Zürcher Zoos, Zool. Beitr. 22, S. 111-156

Kenning, J. M. (1993): Der Finsch-Spechtpapagei *(Micropsitta finschii viridifrons)*, Papageien 6, S. 86-91

Killermann, S. (1921): Zur Geschichte der Einführung der Papageien, Naturwiss. Wochenschr. N. F. 20, S. 545-550

Knottnerus-Meyer, T. (1925): Tiere im Zoo, Leipzig

Koehler, O. (1970): Die Sprachbegabung der Papageien, in: Grzimeks Tierleben, Bd. 8, S. 284-286, München

Koehler, O. (1974): Das unbenannte Denken, in: K. Immelmann, Hrsg., Grzimeks Tierleben, Ergänzungsbd. Verhaltensforschung, Kapitel 23, S. 320-336, München

Koenig, S. E. (2001): The breeding biology of Black- billed Parrot *Amazona agilis* and the Yellow- billed Parrot *Amazona collaria* in cockpit country, Jamaica. Bird Conservation Intern. 11, S. 205-225

Kolar, K. (1960): Erfahrungen mit freifliegenden Papageien, Gef. Welt 84, S. 21-25

Kolar, K. (1961): Untersuchungen über Verhaltensgrundlagen bei Papageien, Diss., Uni Wien

Kolar, K. (1968): Die Ernährungsweise einiger Papageien, D. Zool. Garten N. F. 35, S. 218-223

Kolar, K. & K. H. Spitzer (1995): Großsittiche, Stuttgart

Kortstock, K. (1976): Beiträge zum Ethogramm der Art *Ara ambigua:* Untersuchungen zur tageszeitlichen Verteilung der Aktivität unter Außen- und Innenbedingungen, zur interindividuellen Distanz und zur Funktion des Selbst- und Partnerputzens, Dipl. Arbeit TU Braunschweig und Uni Bielefeld

Kummerfeld, N. (1995): Anforderungen von Ziervögeln an ihre Haltungsumwelt, Prakt. Tierarzt 76, S. 59-62

Krebs, J. R. & N. B. Davies (1996): Einführung in die Verhaltensökologie, Berlin & Wien

Lack, D. (1976): Island biology, illustrated by the land birds of Jamaica, Studies in Ecology 3, Oxford

Lack, D. (1994): The Natural Regulation of Animal Numbers, Oxford

Lanning, D. V. & J. T. Shiflett (1983): Nesting ecology of Thick-billed Parrots, Condor 85, S. 66-73

Lantermann, W. (1983): Zur Brutbiologie des Schwarzohrpapageien *(Pionus menstruus)* in Gefangenschaft, Gef. Welt 107, S. 145-148

Lantermann, W. (1984): Verhaltensstudien an Weißstirnamazonen, *(Amazona albifrons)*, Gef. Welt 108, S. 300-304

Lantermann, W. (1985): Beiträge zur Fortpflanzung und Jugendentwicklung einiger Festland-Amazonenarten (Amazona, Psittacidae), Die Voliere 8, S- 74-79

Lantermann, W. (1985): Zur Funktion und geschlechtsabhängigen Gelbfärbung der mandibularen Wurzelhaut beim Hyazinthara *Anodorhynchus hyacinthinus,* Die Voliere 8, S. 274-276

Lantermann, W. (1987): Die Blaustirnamazone, Bomlitz

Lantermann, W. (1989a): Modifikationen und Störungen des arteigenen Verhaltens bei Großpapageien in Menschenobhut. Der Prakt. Tierarzt 70 (11), S. 5-12

Lantermann, W. (1989b): Beiträge zur Biologie der Blaustirn-Amazone (*Amazona aestiva*), 3. Mitteilung: Wechsel der Dominanzverhältnisse innerhalb einer Volierensozietät, Die Voliere 12, S. 40-43

Lantermann, W. (1990 b): Vergesellschaftung und Verpaarung von Amazonenpapageien in Menschenobhut, Die Voliere 13, S. 172-177

Lantermann, W. (1990a): Großpapageien: Wesen – Verhalten – Bedürfnisse, Stuttgart

Lantermann, W. (1993a): Beobachtungen zum Aggressionsverhalten männlicher Blaustirnamazonen *(Amazona aestiva)* unter Volierenbedingungen, Bonn. Zool. Beitr., Bd. 44, S. 57-62

Lantermann, W. (1993b): Soziale Deprivation von Amazonenpapageien in Menschenhand, Kleintierpraxis 38, S. 511-520

Lantermann, W. (1996a): Bemerkungen über „grabende" Papageien, Die Voliere 19, S. 147-149

Lantermann, W. (1996b): Sperlingspapageien im westlichen Tiefland von Ecuador, Gef. Welt 120, S. 339-340

Lantermann, W. (1997): Papageien und „ihre" Menschen – Defizite einer Beziehung, Der Prakt. Tierarzt 78, S. 470-479

Lantermann, W. (1998a) Das „Bild vom Papageien" – Ursache inadäquater Haltungsbedingungen und Verhaltensstörungen, Ganzheitl. Tiermedizin 12, S. 133-135

Lantermann, W. (1998b): Verhaltensstörungen bei Papageien – Entstehung, Diagnose, Therapie, Stuttgart

Lantermann, W. (1998c): Volierenbeobachtungen zur Rangordnung, Aktivitätsverteilung und Tagesrhythmik einer Gruppe von Mohrenkopfpapageien *Poicephalus senegalus,* Bonn. Zool. Beitr. 48, S. 19-29

Lantermann, W. (1999): Papageienkunde, Berlin

Lantermann, W. (2000a): Geschlechtererkennung, „ambivalentes Sexualverhalten" und gleichgeschlechtliche Paarbindungen bei Blaustirnamazonen *(Amazona aestiva)* – Volierenbeobachtungen, D. Zool. Garten N. F. 70, S. 403-415

Lantermann, W. (2000b): Graupapageien, Reutlingen

Lantermann, W. (2001): Agaporniden: Unzertrennliche artgerecht halten und züchten, Reutlingen

Lantermann, W. (2003a): Beobachtungen zum Verhalten des Katharinasittichs *(Bolborhynchus lineola),* Gef. Welt 127, S. 204-206

Lantermann, W. (2003b): Der Braunkopfpapagei *(Poicephalus cryptoxanthus),* Neue Erkenntnisse und Einsichten, Gef. Welt 127, S. 268-271

Lantermann, W. (2003c): Balz und Kopulationsverhalten bei Halsbandsittichen *(Psittacula krameri manillensis)* auf Sri Lanka, Papageien 16, S. 302-307

Lantermann, W. (2003d): Die Entwicklung der Papageienhaltung in Deutschland, Blätter aus dem Naumann-Museum 22, S. 45-57

Lantermann, W. (2004): Beobachtungen bei der Brut des Goldbugpapageien *(Poicephalus meyeri saturatus)* in Menschenobhut, Gef. Welt 128, S. 202-205

Lantermann, W. (2005a): Dust bathing of Pacific Parrotlets *(Forpus coelestis)* in Western Ecuador, PsittaScene 17, No. 1, S. 18

Lantermann, W. (2005b): Papageien in der Frühzeit der Verhaltensforschung, Blätter aus dem Naumann Museum 24, S. 34-41

Lantermann, W. (2006a) Unzertrennliche *(Agapornis spec.)* und Langflügelpapageien *(Poicephalus spec.)* – Möglichkeiten und Grenzen der Gemeinschaftshaltung, Gef. Welt 130, S. 46-49

Lantermann, W. (2006b): Graupapageien – artgerecht halten, pflegen und züchten, Brunsbek, S. 1-96

Lantermann, W. (2006)c: ‚Menage à trois' in Fischer's Lovebirds, PsittaScene 18, H. 2, S. 10

Lantermann, W. (2006d): Eine Beobachtung während der Sozialisationsphase junger Rußköpfchen *(Agapornis nigrigenis)* bei der Gruppenhaltung, Gef. Welt 130, S. 207-208

Lantermann, W. (2007a): Handbuch Papageienhaltung, Brunsbek, S. 1-128

Lantermann, W. (2007b): Amazonenpapageien: Biologie, Gefährdung, Haltung, Arten, Fürth

Lantermann, W. (2009a): Aggressive display in adult Jardine's Parrots *(Poicephalus gulielmi),* Flock Talk, Issue 22 / June 2009, WPT Monthly Online Newsletter

Lantermann, W. (2009b): Beiträge zur Brutbiologie von Rußköpfchen *(Agapornis nigrigenis)* in Menschenobhut mit Vergleichen zum Freiland, Gef. Welt 133, S. 8-12

Lantermann, W. (2010b): Der Springsittich, Teil 2: Haltung, Fortpflanzung und Status in Menschenobhut, Gef. Welt 134, S. 8-13

Lantermann, W. (2011): Der Springsittich, Teil 3: Sein Verhalten in der Voliere (mit Vergleichen zum Freiland), Gef. Welt 135, S. 8-12

Lantermann, W. & S. Lantermann (1986): Die Papageien Mittel- und Südamerikas, Hannover

Lantermann, W. & S. Wozniak (1986): Inverted Resting in Pionus Parrots, Avic. Mag. 92, S. 80-81

Lantermann, W. & A. Schuster (1989): Beobachtungen zum Balzverhalten des Kongopapageien *(Poicephalus gulielmi),* Trochilus 10, S. 86-90

Lantermann, W. & A. Schuster (1990): Papageien vom Aussterben bedroht, Hamburg

Lantermann, W. & B. Wildschrei (1991): Gefangenschaftsbeobachtungen zum Greifverhalten von Amazonenpapageien, Bonn. Zool. Beitr. 42, S. 47-53

Lantermann, W. & H. Schlenker (1996): Verbreitung, Färbungsvariabilität und Volierenhaltung des Greisenkopfpapageien *(Pionus seniloides)* in Ecuador, Gef. Welt 120, S.18-20

Lantermann, W. & M. Pees (2010): Kapitel Verhaltensstörungen, in: M. Pees, Hrsg., Leitsymptome bei Papageien und Sittichen, S. 257-266, Stuttgart

Lantermann, W. & M. Dickmann (2010): Studien zur Sozialisation von Pfirsichköpfchen *(Agapornis fischeri)* nach der Nestlingsphase – Volierenbeobachtungen, D. Zool. Garten N. F. 79, S. 200-211

Lantermann, W. & B. Noel (2011): Soziale Strukturen innerhalb einer achtköpfigen Gruppe von Pfirsichköpfchen *(Agapornis fischeri)* – Volierenbeobachtungen, Gef. Welt 135 (9), S. 14-18

Lambert, F., R. Wirth, U. S. Seal, J. B. Thomsen & S. Ellis-Joseph (1990): Parrots – an Action Plan for their Conservation, BirdLife, Cambridge

Lawick-Goodall, J. van (1970): Tool-using in primates and other vertebrates, in: D. S. Lehrman, R. A. Hinde & E. Shaw, eds, Advances in the Study of Behaviour, New York

Lawton, M. P. C. (1996): Behavioural problems, in: Beynon, P. H., N. A. Forbes & M. P. C. Lawton, ed., Manual of Psittacine Birds, S. 106-114, British Small Animal Veterinary Association, Cheltenham

Lorenz, K. (1965): Über tierisches und menschliches Verhalten, Gesammelte Abhandlungen, 2 Bde., München

Lorenz, K. (1978): Vergleichende Verhaltensforschung, Wien & New York

Low, R. (1980): Parrots – their Care and Breeding, Poole & Dorset

Low, R. (1990): Die Zucht des Borstenkopfpapageis, *Psittrichas fulgidus,* im Loro Parque, Papageien 3, S. 71-76

Low, R. (2000): Why does my Parrot...? London

Low, R. (2003): Cockatoos in Aviculture, London

Lücker, H. (1995a): Ernährung und Nahrungsaufnahme von Aras, Verh. Ber. Erkrg. Zootiere 37, S. 273-278

Lücker, H. (1995b): Biology, breeding and keeping of the Hyacinthine Macaw *Anodorhynchus hyacinthinus,* Zoo-Pädagogik-Unterricht 3, III, S. 53-60

Luescher, A. U. (ed. 2006): Manual of Parrot Behavior, Ames, Oxford & Victoria

MacArthur, R. & E. O. Wilson (1967): The Theory of Island Biogeography, Princeton, New Jersey

Mantai, H. (1991): Anmerkungen zur affektiven Basis der Papageienhaltung aus Sicht der Sozialwissenschaften, Papageien 4, S. 41-43

Massa, R., L. Bottoni, S. Taylor & V. Venuto (2002): African parrot vocalisation studies in captivity and in the wild, in: C. Mettke-Hofmann & U. Gansloßer (ed.), Bird Research and Breeding, S. 71-82, Fürth

McFarland, D. C. (1991): The Biology of the Ground Parrot, *Pezoporus wallicus*, in Queensland, Wildl. Res. 18, S. 168-184, 185-198, 199-214

Mebes, H.-D. (1977): *Agapornis roseicollis* als Versuchstier in der psychoakustischen Forschung, Z. Versuchstierk. 19, S. 195-205

Mebes, H.-D. (1978): Pair-specific duetting in the Peach-faced Lovebird *(Agapornis roseiciollis),* Naturwiss. 65, S. 66

Mebes, H.-D. (1981): Zur Verbreitung und Öko-Ethologie des südwestafrikanischen Rosenpapageis *(Agapornis roseicollis),* Journ. SWA Wiss. Ges. 24/25, S. 87-112

Mebes, H.-D. (1983): Verhaltensbiologische Untersuchungen am Rosenpapagei *(Agapornis roseicollis)* im Labor und im südwestlichen Afrika, Sitzungsber. Naturf. Freunde Berlin, N. F. 23, S. 58-66

Mebes, H.-D. (1984): Beobachtungen zur Embryogenese des Rosenpapageis *(Agapornis roseicollis):* Schnabelentwicklung und Zehenstellung, D. Zool. Garten N. F. 54, S. 121-127

Mebes, H.-D. (1987): Zur Brutbiologie des Rosenpapageis – fünf Einzelbeobachtungen, Die Voliere 10, S. 89

Merton, D. V., R. B. Morris & I. A. E. Atkinson (1984): Lek behavior in a parrot: the Kakapo *Strigops habroptilus* of New Zealand, Ibis 126, S. 277-283

Mettke, C. (1993): Auftreten und Ausprägung von Explorationsverhalten bei Papageien im ökologischen Kontext, Dissertation, Freie Universität Berlin Mettke-Hoffmann, C. (2000): Reactions of nomadic and resident parrot species to environmental enrichment at the Max-Planck-Institut, Int. Zoo Yearb.37, S. 244-256

Meyer-Holzapfel, M. (1956): Über die Bereitschaft zu Spiel- und Instinkthandlungen bei Tieren, Z. Tierpsychol 13, S. 442-462

Meyer-Holzapfel, M. (1970): Spiel in biologischer Sicht, Infodienst des Deutschen Instituts für Bildung und Wissen 8, S. 1-7

Moreau, R. E. (1948): Aspects of evolution in the parrot genus *Agapornis,* Ibis 90, S. 206-239, 449-460

Munkes, S., V. Munkes & H. Schrooten (2005): Aggressive Verhaltensweisen von Papageien – Bedeutung innerartlicher Regulative, Papageien 18, S. 272-276

Munkes, V. & H. Schrooten (2006): Rangordnungen bei Großpapageien – Teil 1: Voraussetzungen, Papageien 19, S. 340-345
Munkes, V. & H. Schrooten (2008): Papageienverhalten verstehen, Stuttgart
Murie, J. (1868): On the Nocturnal Ground Parrakeet *(Geopsittacus occidentalis)*, Proc. zool. Soc. Lond., S. 158-165
Myers, S. A., J. R. Millam, T. E. Roudybush & C. R. Grau (1988): Reproductive success of hand-reared vs. parent reared Cockatiels, Auk 105, S. 536-542
Olney, P. J. S. & F. A. Fisken, eds. (2000): International Zoo Yearbook, Vol. 37, London
Pagel, T. (1998): Loris: Freileben, Haltung und Zucht der Pinselzungenpapageien, Stuttgart
Pagel, T. & H. Greven (1990): Balz und Kopula bei Pinselzungenpapageien, Der Zool. Garten N. F. 60, S. 381-398
Pearson, R. (1972): The Avian Brain, Academic Press, New York
Pepperberg, I. M. (1999): The Alex studies – Cognitive and Communicative Abilities of Grey Parrots, Cambridge & London
Perrin, M. (2012): Parrots of Africa, Madagascar and the Mascarene Islands – Biology, Ecology and Conservation, Wits University Press, Johannesburg
Pohland, G. & P. Mullen (2005): Farben aus der Vogelperspektive: UV-Sehen und UV-Reflexionen bei Vögeln, Biologie in unserer Zeit 35, S. 125-133
Pohland, G. & P. Mullen (2006): Die wirklichen Farben der Papageien, Papageien 19, S. 280-286
Pohl-Apel, G. (1980): Sexuelle Ontogenese bei männlichen Wellensittichen, *Melopsittacus undulatus*, J. Orn. 121, S. 271-279
Power, D. M. (1966): Agonistic behaviour and vocalisation of Orange-chinned Parakeets in captivity, Condor 68, S. 562 – 581
Power, D. M. (1967): Epigamic and reproductive behaviour of Orange-chinned Parakeets in captivity, Condor 69, S. 28 – 41
Preiss, H. J. & D. Franck (1974): Verhaltensentwicklung isoliert handaufgezogener Rosenköpfchen *Agapornis roseicollis*, Z. Tierpsychol. 34, S. 459-463
Preussiger, A. (1980): Australische Kakadus in Freiheit und Voliere, Die Voliere 3, S. 27-29
Reichmann, A. & E. Pröve (1988): Hormonelle Einflüsse auf sexuelle Verhaltensweisen innerhalb der Paarbeziehung beim Rosenköpfchen *(Agapornis roseicollis)*, Verh. Dt. Zool. Ges. 81, S. 354
Reinschmidt, M. (2011): Nachrichten aus der Loro Parque Fundación, Gef. Welt 135, S. 29
Rinke, D. (1988): On the ecology of the Red Shining Parrot (*Prosopeia tabuensis*) on the Tongan Island of 'Eua, southwest Pacific, Ökologie der Vögel 10, S. 203-217
Robiller, F. & S. Patzwahl (1988): Bemerkungen zur Zucht von Keas *(Nestor notabilis)*, Gef. Welt 111, S. 305-307
Robiller, F. (1990): Papageien , Bd. 3: Mittel- und Südamerika, Stuttgart & Berlin
Robiller, F. (1992): Papageien, Bd. 1: Australien, Ozeanien, Südostasien, Stuttgart
Robiller, F. (1997): Papageien, Bd. 2: Neuseeland, Australien, Ozeanien, Südostasien, Afrika, Stuttgart
Robiller, F. & K. Trogisch (1982): Ein Beitrag zum Verhalten des Hyazintharas *Anodorhynchus hyacinthinus*, Die Voliere 5, S. 207-208
Robinet, O. & M. Salas (1999): Reproductive biology of the endangered Ouvea Parakeet *Eunymphicus cornutus uvaeensis*, Ibis 141, S. 660-669
Rogers, L.J. & H. McCullock (1981): Pair-bonding in the Galah *(Eolophus roseicapillus)*, Bird Behaviour 3, S. 80-92
Roth, P. (1980): Habitat-Aufteilung bei sympatrischen Papageien des südlichen Amazonasgebietes, Dissertation, Uni Zürich
Rowley, I. (1990): The Galah – Behavioural Ecology of Galahs, Chipping Norton
Rowley, I. (1997): Family: Cacatuidae, in: J. del Hoyo, A. Elliott & J. Sargatal, eds., Handbook of Birds of the World, Vol. 4, S. 246-279, Barcelona
Rowley, I. & G. Chapman (1986): Cross-fostering, imprinting and learning in two sypatrric species of cockatoo, Behaviour 96, S. 1-16
Rückemann, S., H. Schrooten & V. Munkes (2008): Werkzeuggebrauch bei Grünflügelaras, Papageien 21, S. 377-381
Russ, K. (1881): Die fremdländischen Stubenvögel – ihre Naturgeschichte, Pflege und Zucht, Bd. III: Die Papageien, Hannover
Russ, K. (1898): Die sprechenden Papageien, Magdeburg
Santos, S. I. C. O., B. Elward & J. J. Lumeji (2006): Sexual dichromatism in the Blue-fronted Amazon Parrot *(Amazona aestiva)* revealed by multiple-angle spectometry, Journ. Avian Medicine and Surgery 20, S. 8-14
Saunders, D. (1982): The breeding behaviour and biology of the short-billed form of the White-tailed Black Cockatoo *Calyptorhynchus funereus latirostris*, Ibis 124, S. 422-455

Saunders, D. A. (1983): Vocal repertoire and individual vocal recognition in the Short-billed White-tailed Black Cockatoo *Calyptorhynchus funereus latirostris,* Austr. Wildlife Research 10, S. 527-536

Schmid, R. (2004): The influence of the breeding method on the behaviour of adult African Grey Parrots, Dissertation, Uni Bern

Schmidt, C. R. (1971): Breeding Keas *Nestor notabilis* at Zurich Zoo, Int. Zoo Yearb. 11, S. 137-140

Schöne, R. & P. Arnold (1983): Der Wellensittich – Heimtier und Patient, Jena

Schöne, R. & P. Arnold (1985): Australische Sittiche, Jena

Schönwetter, M. (1964): Handbuch der Oologie, Berlin

Schumann, K. (1997): *Cyanoramphus novaezelandiae* (Ziegensittich): Studien zum arteigenen Verhalten unter Volierenbedingungen und zur Ableitung eines optimierten Haltungssystems nach Kriterien der Tiergartenbiologie, Dissertation, Freie Universität Berlin

Seibt, U. & W. Wickler (1977): Duettieren als Revier-Anzeige bei Vögeln, Z. Tierpsychol. 43, S. 180-187

Seibert, L. M. (2006): Social behavior of psittacine birds, in: A. U. Luescher (ed.): Manual of Parrot Behavior, S. 43-48, Ames, Oxford & Victoria

Seibert, L. M. & S. L. Crowell-Davis (2001): Gender effects on aggression, dominance rank, and affiliative behaviors in a flock of captive adult Cockatiels *Nymphicus hollandicus,* Appl. Anim. Behav. Sci. 71, S. 155-170

Selman, R., M. R. Perrin & M. Hunter (2004): Characteristics of and competition for nest sites by the Rüppell's Parrot *Poicephalus rueppellii,* Ostrich 75, S. 89-94

Serpell, J. (1981): Duets, greetings and triumph ceremonies: analogous displays in the parrot genus *Trichoglossus,* Z. Tierpsychol. 55, S. 268-283

Serpell, J. (1989): Visual display and taxonomic affinities in the parrot genus *Trichoglossus,* Biol. J. Linn. Soc. 36, 193-212

Skeate, S. T. (1984): Courtship and reproductive behaviour of captive White-fronted Amazon Parrots *(Amazona albifrons),* Bird Behaviour 5, S. 103-109

Skeate, S. T. (185): Social play behavior in captive White fronted Amazon Parrots *(Amazona albifrons),* Bird Behaviour 6, S. 46-48

Smith, G. A. (1971): The use of foot in feeding, with especial reference to parrots, Avic. Mag. 77, S. 93-100

Smith, G. A. (1972): Some observations on the Ring-necked Parakeet, Avic. Mag. 78, S. 120-137

Smith, G. A. (1975): Systematics of parrots, Ibis 117, S. 18-66

Smith, G. A. (1979): Lovebirds and related Parrots, London

Snyder, N. F. R., J. W. Wiley & C. B. Kepler (1987): The Parrots of Luqillo: Natural History and Conservation of the Puerto Rican Parrot, Los Angeles

Spoon, T. R. (2006): Parrot reproductive behavior or who associates, who mates, and who cares? in: A. U. Luescher (ed.): Manual of Parrot Behavior, S. 63-77, Ames, Oxford & Victoria

Stamm, R. A. (1960): Paarintimität und schwarminterne Streitigkeiten bei *Agapornis personata fischeri,* Verh. naturf. Ges. Basel 71, S. 1-14

Stamm, R. A. (1962): Aspekte des Paarverhaltens von *Agapornis personata* – Gefangenschaftsbeobachtungen, Dissertation Uni Basel

Stresemann, E. (1951): Die Entwicklung der Ornithologie von Aristoteles bis zur Gegenwart, Aachen

Strunden, H. (1984): Papageien einst und jetzt – geschichtliche und kulturgeschichtliche Hintergründe der Papageienkunde, Bomlitz

Strunden, H. (1992): Alexandersittiche – die klassischen Papageien und Wegbereiter der Papageienkunde, Bomlitz

Taylor, M. R. (2000): Natural history, behaviour and captive management of the Palm Cockatoo *(Probosciger aterrimus)* in North America, Int. Zoo Yearb. 37, S. 61-69

Taylor, S. & M. R. Perrin (2005): Vocalisations of the Brown-headed Parrot, *Poicephalus cryptoxanthus:* their general form and behavioural context, Ostrich 76, S. 61-72

Taylor, T. D. & D. T. Parkin (2009): Preliminary evidence suggests extra-pair mating in the endangered Echo Parakeet *Psittacula eques,* African Zoology 44, S. 71-74

Theuerkauf, J., S. Rouys, J. M. Mériot, R. Gula & R. Kuehn (2009): Cooperative breeding, mate guarding, and nest sharing in two parrot species of New Caledonia, J. Orn. 150, S. 791-797

Tinbergen, N. (1979): Instinktlehre, Berlin & Hamburg

Trillmich, F. (1976): Spatial proximity and mate specific behaviour in a flock of Budgerigars *(Melospittacus undulatus),* Z. Tierpsychol 41, S. 307-331

Ulrich, S., V. Zisviler & H. Bregulla (1972): Biologie und Ethologie des Schmalbindenloris

Trichoglossus haematodus massena, D. Zool. Garten N. F. 42, S. 51-94
Van Oers, C. H. J. & J. van Dijk (2002): Distribution and behavioral ecology of the Buffon's Macaw of Guayaquil *(Ara ambigua guayaquilensis)* in southwest Ecuador, in: C. Mettke-Hofmann & U. Gansloßer (ed.): Bird Research and Breeding, S. 159-173, Fürth
Voss, I. (2005): Die Paarbindung beim Blaulatzara, Papageien 18, S. 169-173
Voss, I. (209): Die Bedeutung der Paarbindung für das Fortpflanzungspotential von Papageienvögeln (Psittaciformes), Dissertation, Uni Potsdam
Wagner, R. K. (1999): Wenig beschriebene Beobachtungen bei Mohrenkopfpapageien, Gefiederter Freund 12, S. 8-10
Waltman, J. R. & S. R. Beissinger (1992): Breeding behaviour of the Green-rumped Parrotlet, Wilson Bull. 104, S. 65-84
Wanker, R. (1990): Beiträge zur Ökologie und zum Sozialverhalten des Augenring-Sperlingspapageien *Forpus conspicillatus,* Diplomarbeit, Uni Hamburg
Wanker, R. (1997): Der Einfluss unterschiedlicher Sozialisationsbedingungen auf die Paarbindungsfähigkeit bei Augenring-Sperlingspapageien *Forpus conspicillatus,* Papageienkunde – Parrot Biology 1, S. 3-100
Wanker, R. (2002): Social system and acoustic communication of Spectacled Parrotlets *Forpus conspicillatus:* Research in captivity and in the wild, in: Mettke-Hofmann & U. Gansloßer, U. (Hrsg.): Bird Research and Breeding, S. 83-108, Fürth
Wanker, R, J. Apcin, B. Jennerjahn & B. Waibel (1998): Discrimination of different social companions in Spectacled Parrotlets *(Forpus conspicillatus):* evidence for individual vocal recognition, Behav. Ecol. Sociobiol. 43, S. 197-202
Warburton, L. & M. Perrin (2005): Foraging behaviour and feeding ecology of the Black-cheeked Lovebird *Agapornis nigrigenis* in Zambia, Ostrich 76 (3/4), S. 118-129
Warburton, L. & M. Perrin (2005): Nest-site characteristics and breeding biology of the Black-cheeked Lovebird *Agapornis nigrigenis* in Zambia, Ostrich 76 (3/4), S. 162-174
Webber, L. C. (1948): The Ground Parrot in habitat and captivity, Avicult. Mag. 54, S. 41-45
Wehe, M., S. Munkes & V. Munkes (2004): Naturbruten am Beispiel von Venezuela-Amazonen, Gef. Welt 136, S. 134-137
Weinhold, J. (1998): Analyse des Sozialverhaltens einer Gemeinschaft von Blaustirnamazonen *(Amazona aestiva)* in Volierenhaltung, Papageienkunde – Parrot Biology 2, S. 103-176
Westerkov, K. (1990): Keas *Nestor notabilis* – die Playboys der neuseeländischen Berge, Papageien 3, S. 150-156
Wiley, J. W. (1985): The Puerto Rican Parrot and competition for its nest sites, IUCN Techn. Publ. 3, S. 213-223
Williams, G. R. (1956): The Kakapo (*Strigops habroptilus*): a review and re-appraisal of a near-extinct species, Notornis 97, S. 29-56
Wilkinson, R. (1990): Notes on the breeding and behaviour of Greater Vasa Parrots *Coracopsis vasa* at Chester Zoo, Avic. Mag. 96, S. 115-122
Wilkinson R. & T. R. Birkhead (1995): Copulation behaviour in the Vasa parrots *Coracopsis vasa* and *C. nigra,* Ibis 137, S. 117-119
Wilson, G. H. (2006): Behavior of captive psittacids in the breeding aviary, in: A. U. Luescher (ed.): Manual of Parrot Behavior, S. 281-290, Ames, Oxford & Victoria
Wilson, H. (1937): Notes on the Night Parrot, with references to recent occurences, Emu 37, S. 79-87
Wolters, H. E. (1975-1982): Die Vogelarten der Erde, Hamburg & Berlin
Wood, G. (1987): Drumming to a different beat, Austr. Nat. Hist. 22 (5), S. 199-201
Woppel, M. T. (2003): Dominanzstrukturen bei Graupapageien *(Psittacus erithacus),* Diplomarbeit am Institut für Zoologie, Universität Wien
Wright, T. F. & M. Dorin (2001): Pair duets in the Yellow-naped Amazon *(Amazona auropalliata):* responses to playbacks of different dialects, Ethology 107, S. 111-124
Würth, V. (2004): Weißbauchpapageien in Gemeinschaftshaltung, Papageien 17, S.124-130
Zander, E. (1976): Zur Biologie des Kea-Papageis *(Nestor notabilis)* mit besonderer Berücksichtigung der Fortpflanzung, Jugendentwicklung und Nahrungsaufnahme, Diss. Uni Wien
Zingel, D. (1990): Zum Vorkommen des Halsbandsittichs *Psittacula krameri* im Schlosspark Wiesbaden-Biebrich, Jb. Nass. Ver. Naturk. 112, S. 7-23

Artenregister

Sachregister